汉竹主编·健康爱家系列

零失败

烤箱菜谱

张琳霞 著

U0393610

扫一扫
学做烤箱菜

江苏凤凰科学技术出版社

·南京·

图书在版编目（CIP）数据

零失败烤箱菜谱 / 张琳霞著 .—南京：江苏凤凰科学技术出版社，2021.01（2025.01重印）
（汉竹·健康爱家系列）
ISBN 978-7-5713-1485-9

Ⅰ.①零… Ⅱ.①张… Ⅲ.①电烤箱－菜谱 Ⅳ.① TS972.129.2

中国版本图书馆 CIP 数据核字（2020）第 200674 号

零失败烤箱菜谱

著　　　者	张琳霞	
主　　　编	汉　竹	
责 任 编 辑	刘玉锋	
特 邀 编 辑	高晓炘	
责 任 校 对	仲　敏	
责 任 设 计	蒋佳佳	
责 任 监 制	刘文洋	

出 版 发 行	江苏凤凰科学技术出版社
出版社地址	南京市湖南路 1 号 A 楼，邮编：210009
出版社网址	http://www.pspress.cn
印　　　刷	南京新世纪联盟印务有限公司

开　　　本	720 mm×1 000 mm　1/16
印　　　张	12
字　　　数	200 000
版　　　次	2021年1月第1版
印　　　次	2025年1月第12次印刷

标 准 书 号	ISBN 978-7-5713-1485-9
定　　　价	39.80元

图书如有印装质量问题，可向我社印务部调换。

PREFACE

自序

　　人们在工作以后会特别怀念自己的学生时代，而学生时代特别美好的记忆就是每年的春游和秋游了。而今好友间的互动更多的是电话里的"好久不见"或朋友圈的"互相点赞"。周末聚餐的时光变成了流水般日子里偶尔闪亮的快乐浪花。

　　要让好朋友们聚集在一起可不是那么容易，大家在聚餐之前还得为讨论去哪里吃饭而消磨掉大半天时间。作为朋友圈里的"小美食家"，每当我"心血来潮"邀请大伙儿来家中聚餐，特别是做烤箱菜时，总能获得朋友们的积极响应。"我种的薄荷已经长出来了，刚好可以带过来""我妈刚给我送了些生蚝，特别新鲜，我晚上一起拿过来。"朋友们接到我的提议后就会立刻开始分工，然后热火朝天地开始一场快乐的聚餐。

　　在"滋滋"作响的烤肉炉或烤箱边，大家自由自在地闲聊着家常，那些从不愿下厨的朋友也会抢着给烤玉米刷油、给烤肉翻面。拿起"冒着冷汗"的饮料瓶，将朋友们的酒杯续满时，我内心的快乐也会一点点增加，慢慢涌上心头。烧烤聚餐多么像朋友之间一场久违的分享仪式，哪怕是倾吐出生活的不如意，那些点点滴滴的烦恼也会通过畅谈而消解。朋友们爽朗的笑声会一次次验证美食的感染力。

　　本书精选了我和朋友们聚餐时的菜谱，书中所有的照片都是用新鲜的真实食物拍摄的。从简易的家庭烤箱版烤肉、风靡大街小巷的烤串到节日经典烧烤料理，以及蔬果沙拉、爽口果汁，这些带着快乐气息的美味灵感装在我的"时光行囊"里，让我的生活变得更加充实。我希望将这些简单而纯粹的美味一一分享给你，附带着它们可以释放的快乐能量。

2020 年 12 月

CONTENTS
目 录

选对烤箱，成功一半

馋哭你的地道烤肉

鱼虾蟹，一点盐提鲜

蔬菜菌菇，火候足味道美

主食，烤着吃更香

孩子喜爱的零食和甜点

无烤箱玩转花式烧烤

烤箱菜伴侣，饮料和沙拉

本书用量对照
1 茶匙固体食材 ≈ 5 克
1 茶匙液体食材 ≈ 5 毫升
1 汤匙固体食材 ≈ 15 克
1 汤匙液体食材 ≈ 15 毫升

选对烤箱，
成功一半

买对烤箱，新手不失败

　　面对琳琅满目的烤箱型号，常常会不知道如何选择，从一个使用者的角度来挑选烤箱，其核心标准就是：实用。

家用烤箱建议买 20 升以上的

　　市售烤箱常规容量从 10 升到 60 升不等，20 升以下的小型烤箱适合烘烤吐司等，做烤箱菜和烘焙一般要选择 20 升及以上的。因为烤箱体积小，内部空间有限，温度很高，食物上层顶部离发热管太近，顶部就容易烤焦。做烘焙时，比如戚风蛋糕在烤制时其顶部就很容易焦裂。所以，日常要做烤箱菜或烘焙就不宜购买容量太小的烤箱，虽然有些品牌的小烤箱功能也很齐全，但对烘焙新手来说，如果预算充足，在保证品质的前提下也尽量购买体积较大的烤箱。如果是 3~5 人的家庭，建议选购 30~40 升容量的烤箱，性价比较高。

同等价位烤箱的电热管越多越好

　　通常，其他配置相等的情况下，烤箱的加热管越多，内部温度就更加均匀。这样烤出来的食物不仅熟度很均匀，上色也会很一致，不会有的地方烤焦了，有的地方却还未上色，食物就会更加诱人。

要选上下独立控温的烤箱

　　烤箱应该具备的基础功能就是有上下两个发热管，可以只开上火或只开下火，也可以上下火同时开。温度最好可以在 100~250° C 间调节。市场上大部分的烤箱能做到上下火分开控制。

尽量选择大品牌的烤箱

　　在烤箱品牌的选择方面，如果预算足够，尽量选择大品牌的正规厂家，这些品牌的烤箱一般质量过硬，而且关于烤箱的使用咨询、售后服务也比较方便，可以免去很多后顾之忧。

延长烤箱寿命的小窍门

放对位置，注意散热

烤箱上方不要覆盖任何物品，否则会影响烤箱散热；烤箱四周要留有足够的空间。尽量设置一个专用插座，不建议与其他电器共用一个插线板，烤箱的功率都较高，共用插线板容易导致负荷过重，有安全隐患。

买到烤箱后先校准温度

烤箱的指示温度与烤箱内实际温度常会存在差异。第一次制作烤箱菜之前，要用烤箱专用温度计校准一下温度。

操作方法：将烤网放置在烤箱中层，烤箱专用温度计放在烤网中间位置，加热烤箱至任意温度，再观察温度计所指示的实际温度，算出两者之间的差，在实际烘烤时应加（减）这个数值。

第一次使用，先空烤消毒

第一次使用烤箱前，先将所有配件取出清洗干净，晾干，再将烤箱内部擦干净，通风约 1 小时后关上烤箱门，上下管温度都开至最高，加热 10 分钟后关闭即可。

测温应选用烤箱专用温度计，不要使用厨房温度计。

清洁要及时

每次使用烤箱后，就要及时清洁烤箱、烤盘及其他配件。

浸泡烤盘：食物经过高温烘烤后会在烤盘上留有油渍，有时候烤盘上还会粘着一些食物焦块，很难一下子擦干净。在烤制前可以在烤盘上垫上油纸或锡纸来隔离食物与烤盘，如果是直接放在烤盘中烘烤，将食物烤好取出后，就可以将烤盘或烤网直接放入热水里，浸泡几小时后再清洗，就能轻松洗去烤盘上的油渍。

如果烤箱内壁也粘上了油渍，那就等待烤箱完全冷却后，用干净的湿抹布仔细擦洗干净，每一次使用完烤箱都应该及时清理，以免油渍反复加热变得更难以清理。

选对清洗工具：要选择干净的湿抹布来擦拭烤箱的外壁和内壁；清洁烤盘不要用容易产生刮痕的钢丝球或强力刷，烤盘产生刮痕后，不仅不美观，而且容易生锈，如果烤盘浸泡后依然难以去渍，可以使用厨房油污清洗剂，按照说明书上的时间进行处理，通常 10~15 分钟即可清洗。

定期维护：厨房日常定期清洁时应用厨房抹布或清洁纸擦拭烤箱外壁，以免打开烤箱时灰尘落入烤箱内部，同时要记得检查烤箱用的电源插座是否安全稳固。

低成本玩转烧烤的工具

隔热手套

隔热的专用手套，由于烤制后烤箱内的温度很高，隔热手套能避免取菜品时被高温烫伤。

油纸

油纸可以用来做烤盘与食物之间的垫纸，垫在烤盘上可以起到防粘的作用。

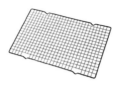

晾网

烤好的食物放在晾网上，透气性更好，可以避免底部不透气。尤其适合烤制烤串。

比萨盘

烤比萨时如果有比萨盘就会比较方便，一般家用比萨盘建议购买9寸的。

烤盘

一般烤箱都会赠送烤盘，建议可以再购买1个烤盘，另外购置的烤盘通常会放在烤箱自带的烤架上使用。

毛刷

通常有硅胶和羊毛两种材质，硅胶刷易清洗，更耐用；羊毛刷清洁起来较麻烦，但给食物刷油时会更细腻、更均匀。

锡纸

常用来包裹肉类食物，避免食物过度上色或烤焦；也可以直接用来包裹烤盘，这样烤完食物后清理烤盘就很方便。

刨丝器

烤制食物可以轻松刨出细而薄的丝，尤其适合刮柚子、橙子、柠檬的等柑橘类水果的果皮等，比切丝会更方便。

烘焙专用小工具，做甜点一次成功

打蛋器

分手动打蛋器和电动打蛋器两种。手动打蛋器可以打发量少的食材，如蛋液、少量的黄油等；电动打蛋器适合打发量多的或打发要求高的食材，如面团或较多的奶油等。

烤箱专用温度计

用来校准烤箱温度，便于精确掌握烤箱内的温度。烤箱专用温度计与厨房温度计的测温原理不一样，所以不能用厨房温度计代替烤箱专用温度计。

刮板

可以将案板上的面团很轻松地铲下来，也可以用来切割面团，移动面团到烤盘上。

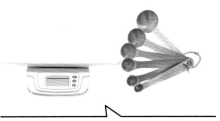

厨房电子秤、量匙

烘焙与家常菜相比，食材用量要求更精准，所需材料都有一定的比例，新手入门，最好严格按照配方操作。能控制分量的电子秤和量匙是必备的。

玩转烧烤的专用工具

烤箱

　　烤箱不仅可以用来烤蛋糕、饼干等点心，还可以用来烤畜禽肉、鱼虾蟹、蔬果等菜品，居家烧烤十分方便。

空气炸锅

　　有些家庭也会将空气炸锅当作烤箱的替代品，用空气炸锅烤制食物用油量很少或无需用油，烘烤出的食物依然油润可口。

烤炉

　　烤炉可分为电烤炉和炭烤炉两种，炭烤炉是使用专用木炭加热，也能较好地控制油烟。

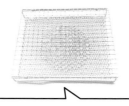

直火烤架

　　也被称为燃气 BBQ 架，可以直接用燃气灶烤制饭团、年糕、肉串等，非常方便。

厨房剪

　　用途颇多，烧烤必备，尤其在需要处理带壳的虾蟹等海鲜类食材时，使用厨房剪更方便快捷。

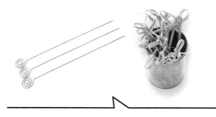

不锈钢烧烤针 / 打结签

　　烤针可以反复使用，使用后用热水浸泡 2 分钟消毒、清洁并晾干，这样还可以防止生锈。打结签常用于串肉串、丸子一类的食物，既小巧又方便。

注：本书在每款菜谱名称旁标有烤箱及其他备选烤制工具，可按实际情况自主选择。

基础调料：用对更提鲜

盐

盐一般都是用来焗海鲜、禽肉等，特别是烤制海鲜时放适量的盐，能激发食材的原汁原味，令口感更加鲜美。

孜然粉

气味芳香而浓烈，适合烹调肉类。特别是在烧烤羊肉、牛肉、猪肉时，使食材味道更加香浓。

白胡椒粉

白胡椒粉是由白胡椒制作而成。相比于黑胡椒粉，白胡椒粉的味道相对来说更为辛辣。

黑胡椒粉（碎）

相比于白胡椒粉，黑胡椒粉在味道上更胜一筹。烧烤佐味也可以选用带研磨瓶的黑胡椒碎，风味更佳。

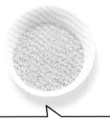

白芝麻

白芝麻用作烧烤时的调味非常适合，添加适量的白芝麻，提味的同时也更加诱人。

百里香碎

百里香又称麝香草，原先在西式料理烹饪中被广泛使用。百里香口感略带一丝苦涩，气味温和。如今在烤制食物时被广泛应用。

五香粉

　　五香粉是将 5 种以上的香料（常见组合是花椒、肉桂、八角、丁香、小茴香子）研磨成粉状混合而成，也可与盐混合作蘸料之用。

咖喱粉

　　咖喱粉是由多种香辛料混合调制而成的复合调味品，非常适合给蔬菜和肉类提味。

椒盐

　　椒盐是花椒焙过加盐磨碎制成的一种调味剂，可以使汤料或者菜肴去除腥味，且能丰富菜肴的口感，使菜肴更添美味。

迷迭香碎

　　迷迭香原产于地中海地区，在西餐中经常使用。滋味甜中带苦，还有自然的清香，在烹调中可以用鲜叶，也可以用随用随取的迷迭香碎。

蚝油

　　用生蚝熬制而成的一种调料，味道鲜美，香味浓郁，在烧烤中常用于调味和腌制肉类食物。

万能烧烤料

　　一般大型超市都有售卖，自己在家做也很简单。建议配方：盐 1 汤匙、白芝麻 2 汤匙、五香粉 1 茶匙、孜然粉 1 汤匙、辣椒粉 2 汤匙、孜然粒 2 汤匙、肉蔻粉 1 茶匙、大蒜粉 1/2 茶匙混合均匀。

馋哭你的
地道烤肉

新奥尔良烤翅

🔲 烤箱
🍱 空气炸锅
🍲 烤炉

做法

1 鸡翅中洗净沥干，表面划几刀，方便入味。

2 倒入料酒、生抽、蜂蜜、新奥尔良烤翅腌料，抓拌均匀，盖上保鲜膜，放入冰箱冷藏一夜。

3 腌好的鸡翅中放在烤网上，表面刷一层玉米油。

4 烤箱预热185℃，中层，下层可以放一个烤盘接油汁，上下火烤25分钟，其间取出刷一次腌料。

腌制时间	12 小时
烤箱温度	185 ℃

烘烤时间 25 分钟

食材（3人份）

鸡翅中	9 只
蜂蜜	1 茶匙
料酒	1 汤匙
生抽	2 汤匙
新奥尔良烤翅腌料	2 汤匙
玉米油	1/4 茶匙

腌制时间	2 小时
烤箱温度	200 ℃

烘烤时间 20 分钟

食材（2人份）

鸡翅中	6 或 7 只
柠檬	1/2 个
大蒜	1 瓣
百里香	5 枝
黑胡椒粉	1/4 茶匙
辣椒粉	1/4 茶匙
盐	1/4 茶匙
蜂蜜	1/2 茶匙
玉米油	1/2 茶匙

 做法

1 鸡翅中洗净沥干，用叉子扎出小洞，放在碗中，挤入柠檬汁；大蒜去皮洗净，切末；百里香洗净，切碎。

2 蒜末、百里香碎、黑胡椒粉、辣椒粉、盐倒入装有鸡翅中的碗中，抓拌均匀，腌2小时。

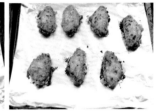

3 烤盘铺锡纸，刷一层玉米油，放上腌好的鸡翅中。

4 烤箱预热200℃，中层，上下火烤20分钟，其间取出刷一次蜂蜜。

烤箱
空气炸锅
烤炉

柠檬百里香烤翅

秘制酱料
藿香腌料

🔲 烤箱
🍴 空气炸锅
🍲 烤炉

藿香豆豉烤翅根

做法

1 鸡翅根洗净沥干，用刀在表面划几道，这样更容易入味。

2 藿香腌料倒入装有鸡翅根的碗中，腌 1 小时。

酱 藿香洗净，切碎，与盐、葱末、生抽、黄酒、香辣豆豉、白胡椒粉拌成腌料。

3 腌好的鸡翅根放在烤网上，刷一层玉米油。

4 烤箱预热 210℃，中层，上下火烤 20 分钟，其间取出翻一次面。

腌制时间	1 小时
烤箱温度	210 ℃

烘烤时间 20 分钟

食材（4 人份）

鸡翅根	12 只
玉米油	1 茶匙

秘制酱料

葱末	适量
盐	1 茶匙
生抽	1 汤匙半
香辣豆豉	1 汤匙
黄酒	2 汤匙
白胡椒粉	适量
藿香	适量

腌制时间	**1 小时**	
烤箱温度	**200 ℃**	烘烤时间 **25 分钟**

食材（3 人份）	
鸡翅中	9 只
鸡蛋（打散成蛋液）	1 个
面粉	30 克
原味玉米片	50 克
面包糠	50 克
盐	1/2 茶匙
白胡椒粉	1/2 茶匙
蚝油	1/2 汤匙
生抽	1 汤匙
料酒	2 汤匙
玉米油	适量

做法

1 玉米片压碎，放入碗中，倒入面包糠，混合均匀即成脆皮料。

2 鸡翅中洗净沥干，用叉子扎出小洞，放在碗中，倒入盐、料酒、生抽、蚝油、白胡椒粉，抓拌均匀，腌 1 小时。

3 腌好的鸡翅中先裹上一层面粉，再裹上一层蛋液，最后裹上一层脆皮料。烤网上刷一层玉米油，放上鸡翅中。

4 烤箱预热 200℃，中层，烤 15 分钟，取出翻面，继续烤 10 分钟即可。食用时可搭配番茄酱。

脆皮烤翅

烤箱

空气炸锅

秘制酱料
香橙酱汁

香橙鸭胸

📟 烤箱
🍚 空气炸锅
🍲 烤炉

做法

1 鸭肉洗净沥干,切十字花刀,注意不要切太深;香橙洗净,去皮榨汁。

2 香橙酱汁淋在鸭肉上,腌2小时。

酱 1汤匙橙汁、橙皮碎、盐、黑胡椒粉混合即成香橙酱汁。

3 油锅烧热,放入鸭肉,鸭皮朝下,中火煎至鸭皮呈金黄色时翻面,再煎1分钟。

4 烤箱预热200℃,煎好的鸭胸放入烤盘,中层,烤8分钟。

腌制时间	2 小时
烤箱温度	200 ℃

烘烤时间
8分钟

食材(2人份)

鸭胸肉	220 克
橄榄油	1/2 汤匙

秘制酱料

香橙	1 个
黑胡椒粉	1/4 茶匙
橙皮碎	1/4 茶匙
盐	1 茶匙

腌制时间	12小时
烤箱温度	200℃

烘烤时间
20分钟

食材（2人份）

鸡全翅	3或4只
蜂蜜	1/2 汤匙

秘制酱料

红腐乳	1块
辣椒粉	1/4 茶匙
细砂糖	1/4 茶匙
白胡椒粉	1/8 茶匙
腐乳汁	1 茶匙
生抽	1 汤匙
料酒	1 汤匙

做法

1 鸡全翅洗净，用厨房纸吸干表面水分，放在碗中。

2 倒入3汤匙腐乳酱汁，抓拌均匀，放入冰箱冷藏一夜。

酱 红腐乳碾碎，与腐乳汁、生抽、料酒、白胡椒粉、辣椒粉、细砂糖混合成腐乳酱汁。

3 烤箱预热200℃，腌好的鸡全翅放在烤网上，中层，烤15分钟。

4 取出翻面，刷一层蜂蜜，继续烤5分钟即可。

烤箱
空气炸锅
烤炉

腐乳鸡翅

秘制酱料
腐乳酱汁

锡纸排骨

烤箱　空气炸锅　烤炉

做法

1 姜、大蒜去皮洗净，切末；猪肋排洗净沥干，斩小块，放在碗中。

2 倒入姜末、蒜末、生抽、蚝油、料酒、细砂糖、盐、黑胡椒粉，搅拌均匀，放入冰箱冷藏 1 小时。

3 烤盘铺锡纸，放上腌好的猪肋排，再用锡纸把烤盘密封起来，锡纸上可以用牙签戳几个小洞。

4 烤箱预热 220℃，中层，烤 50 分钟。揭开锡纸，刷一层蜂蜜，撒上白芝麻，继续烤 10 分钟。

腌制时间	1 小时
烤箱温度	220℃

烘烤时间 1 小时

食材（3 人份）

食材	用量
猪肋排	450 克
姜	1/2 块
大蒜	2 瓣
黑胡椒粉	1/8 茶匙
蜂蜜	1/4 茶匙
盐	1/2 茶匙
蚝油	1/2 汤匙
细砂糖	1/2 汤匙
生抽	1 汤匙
料酒	2 汤匙
白芝麻	适量

腌制时间	1 小时
烤箱温度	210 ℃

烘烤时间
35 分钟

食材（1人份）	
鸡腿	1 只
姜	5 片
味淋	2 汤匙
日式酱油	2 汤匙
秘制酱料	
蜂蜜	1 汤匙半
味淋	3 汤匙
日式酱油	3 汤匙

做法

1 在鸡腿下端划一刀，切断相连的肉和筋，沿着鸡腿切开，去除骨头。

酱 味淋、蜂蜜、日式酱油倒入碗中，混合成照烧汁。

2 鸡腿肉洗净沥干，用叉子扎出小洞，放在碗中，倒入味淋、日式酱油、姜片，腌 1 小时。

3 烤箱预热 210℃，腌好的鸡腿肉放在烤网上，鸡皮向下，刷一层照烧汁，烤 20 分钟。

4 取出翻面，再刷一层照烧汁，继续烤 15 分钟，取出切条，淋上剩余照烧汁即可。

秘制酱料
照烧汁

烤箱
烤网
烤炉

日式照烧鸡腿

秘制酱料
叉烧汁

广式叉烧肉

做法

1 选择肥瘦相间的梅花肉，切成厚约3厘米的片，放在碗中。

酱 红腐乳碾碎，与生抽、腐乳汁、蜂蜜、蚝油、白胡椒粉、红曲粉混合成叉烧汁。

2 大蒜去皮洗净，切片，与姜片、叉烧汁、黄酒一起倒入装有梅花肉片的碗中，抓拌均匀，盖上保鲜膜，放入冰箱冷藏一夜。

3 烤箱预热200℃，烤网刷一层玉米油，放上腌好的梅花肉片，烤20分钟。

4 取出翻面，刷上一层蜂蜜，继续烤20分钟即可。

腌制时间	12 小时
烤箱温度	200 ℃

烘烤时间
40分钟

食材（4人份）

梅花肉	780克
大蒜	1瓣
姜	5片
黄酒	2汤匙
蜂蜜	1汤匙
玉米油	适量

秘制酱料

红腐乳	1块
白胡椒粉	1茶匙
腐乳汁	1/2汤匙
蚝油	1汤匙
蜂蜜	2汤匙
生抽	4汤匙
红曲粉	适量

腌制时间	2小时
烤箱温度	200℃转220℃

烘烤时间 **60分钟**

食材（3人份）

五花肉	520 克
大葱	1 根
姜	5 片
盐	1/4 茶匙
五香粉	1/2 茶匙
白胡椒粉	1/2 茶匙
海盐	1 茶匙
玉米油	1/2 汤匙
生抽	1 汤匙半
料酒	2 汤匙
小苏打	适量

做法

1 五花肉对半切成两块；大葱洗净，切段。锅中加水，倒入大葱段、姜片、五花肉块，大火煮熟。

2 五花肉捞出沥干，用肉锤在肉皮上扎小洞，用料酒、生抽、五香粉、白胡椒粉、盐揉搓片刻，腌 2 小时。

3 用锡纸把五花肉除了肉皮那面都包起来，肉皮朝上，先抹上小苏打，再抹上海盐放在烤网上。

4 烤箱预热 200℃，放入烤网，烤 45 分钟；取出，去除锡纸，刷一层玉米油，转 220℃继续烤 15 分钟。

广式脆皮烤肉

麻辣烤猪蹄

秘制酱料
（麻辣混合腌料）

姜 4~6 片　大葱 1/2 根

香叶 1 片　甘草 1 个

干辣椒 2 个　八角 1 粒

花椒 6 粒

食材（3人份）

食材	用量
猪蹄	2 只
冰糖	15 克
姜	5~7 片
花椒	6 粒
大葱	1/2 根
椒盐	1/8 茶匙
孜然粉	1/4 茶匙
陈醋	1/4 茶匙
辣椒碎	1 茶匙
老抽	1 汤匙
料酒	2 汤匙
生抽	2 汤匙
白芝麻	适量
植物油	适量

做法

1 猪蹄洗净，剁块；大葱洗净，切段。砂锅中加水，倒入猪蹄块、姜片、葱段、花椒，加入 1 汤匙料酒去腥。

2 大火烧开，转中小火煮5 分钟，关火，取出猪蹄，洗净浮沫，放入锅中备用。

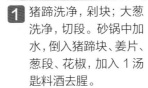

3 另起油锅烧热，放入冰糖炒出糖色，倒入装有猪蹄的锅中。

酱 大葱洗净，切段，与姜片、八角、香叶、甘草、花椒、干辣椒混合成麻辣混合腌料。

4 上色后，倒入麻辣混合腌料，翻炒出香味，加入 1 汤匙料酒、陈醋、老抽、生抽，倒入开水，中小火煮 1.5 小时，捞出沥干。

5 烤箱预热 200℃，煮熟的猪蹄块放在烤网上，猪皮朝上，中层，烤20 分钟。

6 烤好后撒上白芝麻、辣椒碎、孜然粉、椒盐即可。

腌制时间	30 分钟
烤箱温度	200℃ 上火／下火 185℃

烘烤时间
45 分钟

咖喱蔬菜鸡肉卷

秘制酱料
（泰式柠檬咖喱腌料）

柠檬 1/2 个　盐 1/4 茶匙

蜂蜜 1/4 茶匙　老抽 1/2 茶匙

咖喱粉 1/2 茶匙　生抽 1 茶匙

食材（2人份）

鸡腿	1只
胡萝卜	1个
芦笋	6根
玉米油	适量
蜂蜜	适量

做法

1 在鸡腿下端划一刀，切断相连的肉和筋，沿着鸡腿切开，去除骨头，洗净沥干，用叉子扎出小孔，放在盘子中备用。

2 处理好的鸡腿肉放入碗中，倒入泰式柠檬咖喱腌料，抓拌均匀，腌30分钟。

酱 柠檬挤汁，和盐、生抽、老抽、咖喱粉、蜂蜜混合成泰式柠檬咖喱腌料。

3 芦笋、胡萝卜洗净，切条，放入煮开的盐水（滴入玉米油）中焯一下，过凉水；鸡腿肉铺开，中间放上芦笋条和胡萝卜条，卷起，用棉线绕紧绑好，表面刷一层玉米油。

4 鸡肉卷用锡纸包裹好放入预热好的烤箱，上火200℃，下火185℃，烤40分钟，取出，去除锡纸，刷上一层蜂蜜，继续烤5分钟，取出切块。

好吃贴士

🍴 柠檬挤汁后可以切片放入鸡肉中，新鲜的柠檬汁在腌制鸡肉的过程中有很好的提味作用。

🍴 生抽和老抽均用于腌制鸡肉，有助于互补上色并调味，操作时可以先放老抽，再根据实际情况放入生抽，这样烤出来的鸡肉卷颜色不会太深，但又很诱人。

腌制时间	2小时
烤箱温度	200℃

烘烤时间 20 分钟

蜂蜜芥末牛仔骨

烤箱 空气炸锅

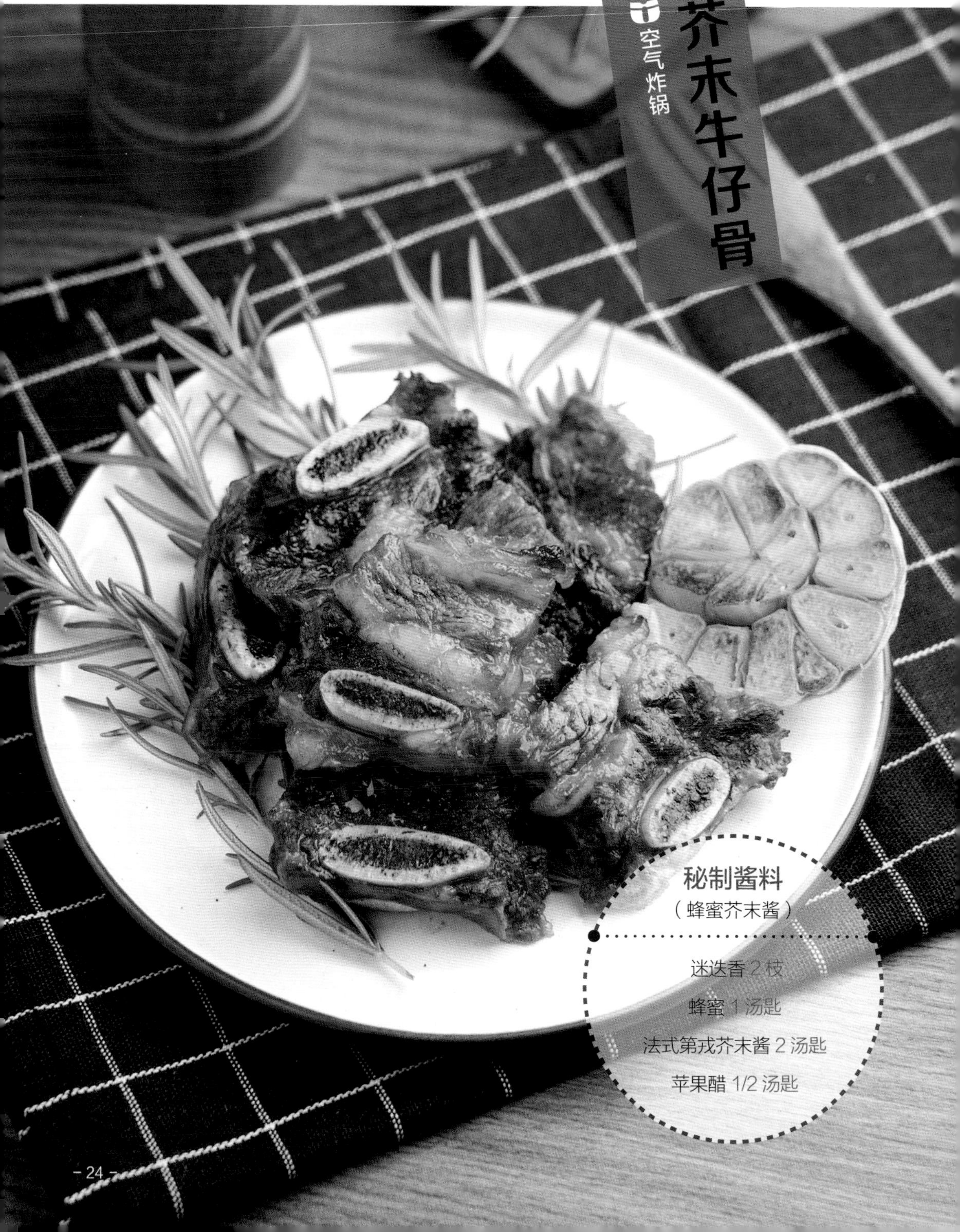

秘制酱料
（蜂蜜芥末酱）

迷迭香 2 枝
蜂蜜 1 汤匙
法式第戎芥末酱 2 汤匙
苹果醋 1/2 汤匙

食材（2人份）	
牛仔骨	200 克
玉米油	1/2 汤匙
迷迭香	适量

做法

1 牛仔骨洗净，用厨房纸吸干表面水分。

酱 迷迭香洗净，留少量叶片，剩下的切碎，与蜂蜜、法式第戎芥末酱、苹果醋混合成蜂蜜芥末酱。

2 牛仔骨切块，放在碗中，倒入 1/2 汤匙蜂蜜芥末酱，抓拌均匀，腌 2 小时。如果想要更快入味，可以在牛仔骨块两面各划上几道。

3 烤盘铺油纸，刷一层玉米油，放上牛仔骨块，注意保持间隙。

4 烤箱预热 200℃，放入烤盘，中层，烤 20 分钟取出，缀上迷迭香即可。

好吃贴士

🔥 腌制的调料可根据个人口味，换成其他酱料，或者直接用市售的蜂蜜芥末酱。

🔥 如果提前一天将牛仔骨放入冰箱冷藏腌制，会更加入味，不过烤制之前要将牛仔骨在室温下放置 1 小时后再煎，这样可以避免肉表面熟了，里面却还是凉的。

🔥 因为牛仔骨的大小和厚度不同，所以给出的烤制时间仅供参考，实际烤制时烤 10 分钟后可以取出看看上色情况，避免烤煳或者烤得太干。

🔥 使用空气炸锅的烤法：将腌好的牛仔骨放入炸篮，空气炸锅预热 180℃，烤 20~22 分钟。

腌制时间	1小时
烤箱温度	200℃

烘烤时间 12分钟

韩式烤五花肉

- 烤箱
- 烤炉
- 空气炸锅

秘制酱料
（烤肉酱）

洋葱 70 克　雪梨 80 克

生抽 2 汤匙　老抽 2 汤匙

细砂糖 2 茶匙　黑胡椒粉 1/4 茶匙

芝麻油 1 茶匙　味淋 2 汤匙

食材（2人份）

五花肉	350 克
大蒜	3 瓣
生菜	10 片
韩式辣酱	1 汤匙
烤肉酱	3 汤匙
白芝麻	适量
玉米油	适量

做法

1 选择肥瘦相间的五花肉，洗净后用厨房纸吸干表面的水分，切成厚约 0.5 厘米的薄片，放在碗中；大蒜去皮洗净，切末；洋葱、雪梨洗净，切块。

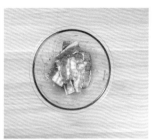

2 蒜末与烤肉酱倒入装有五花肉片的碗中，抓拌均匀，腌 1 小时。

酱 洋葱块、雪梨块、75 毫升清水、生抽、老抽、细砂糖、黑胡椒粉、味淋、芝麻油倒入料理机，打成烤肉酱。

3 烤盘铺锡纸，放上五花肉片，五花肉的油脂较多，高温烘烤时油水会渐渐析出，所以只要刷一层薄薄的玉米油防粘，或者不用刷油。

4 烤箱预热 200℃，放入烤盘，中层，烤 12 分钟，至五花肉焦黄。食用时取一片生菜，把五花肉放到生菜上，再蘸上少许韩式辣酱和白芝麻，包起。

好吃贴士

🔹五花肉可先放冰箱冷藏半天后再切薄片，这样切起来不仅速度快，而且能够切得更薄更均匀，烤出来的口感也会更好。

🔹使用空气炸锅的烤法：将腌好的五花肉和腌料放入炸篮。空气炸锅预热180℃，烤 20 分钟。

腌制时间	30分钟
烤箱温度	190℃

烘烤时间
8 分钟

纽约客牛排

🔲 烤箱　🟥 空气炸锅

食材（2人份）	
牛前腰脊	400克
百里香	8枝
大蒜	1瓣
海盐	1/2茶匙
黑胡椒粉	1/4茶匙
橄榄油	1汤匙

做法

1 牛排洗净，用厨房纸吸干表面水分，牛排两面加入海盐、黑胡椒粉、橄榄油，揉搓片刻，腌30分钟。

2 油锅烧热，放入腌好的牛排，一面煎2分钟，其间不要翻动牛排，然后翻面再煎2分钟，煎至牛排表面焦化。

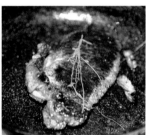

3 煎牛排期间，放入蒜瓣、洗净的百里香，用刷子在牛排表面来回刷，再煎至侧面颜色变深。

4 烤箱预热190℃，直接连锅带牛排放入烤箱，烤8分钟。烤好后放置5分钟再吃，这样牛排的汁水会渗出来，口感更好。

好吃贴士

❤ 牛排好不好吃，关键是牛排的厚度是否合适，厚度最好在3厘米以上，这样才能烤出外焦里嫩的牛排。

❤ 牛排下锅前，锅一定要热到冒烟的程度，用橄榄油热锅为宜，黄油容易烧焦。

❤ 使用空气炸锅的烤法：腌好的牛排放入炸篮，空气炸锅热至190℃，烤15分钟左右，喜欢更熟一些的可以多烤2~3分钟。

腌制时间	12 小时
烤箱温度	220 ℃

烘烤时间
50 分钟

秘制酱料
（迷迭香腌料）

迷迭香 3 枝　大蒜 2 瓣

黑胡椒碎 1/4 茶匙　海盐 1/2 汤匙

蚝油 1 汤匙　番茄酱 1 汤匙

料酒 3 汤匙

食材（3 人份）

三黄鸡	1 只
小土豆	5 个
橄榄油	1/2 汤匙
蜂蜜	1/2 汤匙
海盐	1/2 盐匙
黑胡椒碎	1/4 盐匙

做法

1 三黄鸡洗净，去除鸡脖子和鸡爪；大蒜去皮洗净，切末；迷迭香洗净，切碎。

酱 蒜末、迷迭香碎、海盐、料酒、蚝油、番茄酱、黑胡椒碎倒入碗中，混合成迷迭香腌料。

2 迷迭香腌料淋在三黄鸡上，揉搓 2 分钟，放入冰箱冷藏 12 小时。其间可取出三黄鸡揉搓几次，使其更加入味。

3 小土豆洗净切块，放在碗中，加入橄榄油、海盐、黑胡椒碎，抓拌均匀。

4 所有食材放入烤盘，用锡纸把鸡腿裹起来。可放入适量洋葱和大蒜，味道更加浓郁。

5 烤箱预热 220℃，开启烤箱热风循环，中层，烤 20 分钟；取出刷一层蜂蜜，继续烤 20 分钟。

6 再次取出，刷一层蜂蜜，将烤鸡放在烤网上，放入烤箱中层，下层放个烤盘接油汁，再烤 10 分钟，装盘即可。

腌制时间	2 小时
烤箱温度	220 ℃

烘烤时间
15 分钟

秘制酱料
（红酒香草腌料）

迷迭香 3 枝　百里香 3 枝

黑胡椒粉 1/4 茶匙　海盐 1 茶匙

红葡萄酒 1 汤匙

食材（2人份）

羊排	5 块
孜然粉	1/4 茶匙
色拉油	适量

做法

1 羊排洗净，用厨房纸吸干羊排表面水分。

2 迷迭香、百里香洗净，切碎。

3 红酒香草腌料倒入装有羊排的碗中，抓拌均匀，腌 2 小时。

酱 红葡萄酒、海盐、黑胡椒粉、迷迭香碎、百里香碎混合成红酒香草腌料。

4 烤盘铺锡纸，刷一层色拉油，放上腌好的羊排，注意保持一定间隙。

5 用锡纸将羊排包起来。烤箱预热 220℃，放入烤盘，中层，上下火，烤 10 分钟取出。

6 取出，去除锡纸，羊排上撒上孜然粉，放回烤箱，上火，继续烤 5 分钟即可。

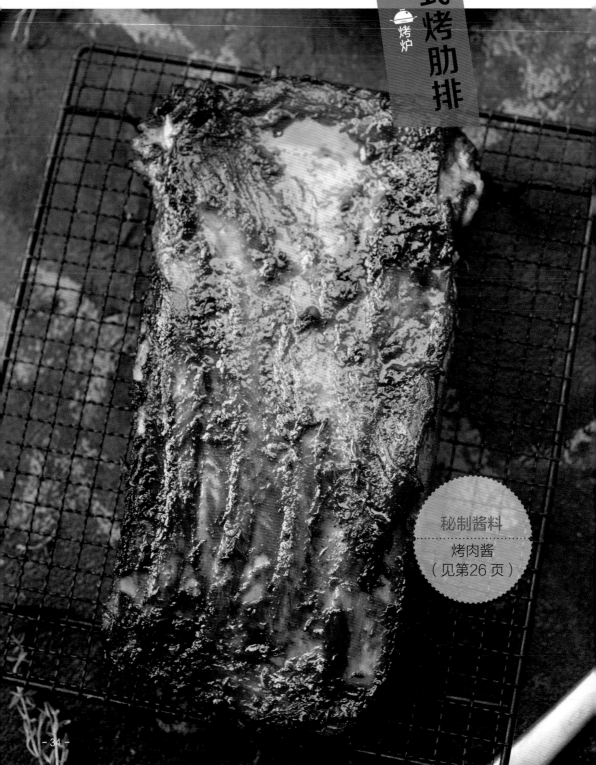

腌制时间	2 小时
烤箱温度	180℃ 转 210℃

烘烤时间
50 分钟

🔲 烤箱

🍲 烤炉

美式烤肋排

秘制酱料
....
烤肉酱
（见第26页）

食材（3人份）

整块猪肋排600~800克	
百里香	15 枝
大蒜	1 瓣
柠檬	1/2 个
黑胡椒粉	1/4 茶匙
玉米油	1/4 茶匙
盐	1/2 茶匙
蜂蜜	1/2 茶匙
烤肉酱	3 汤匙

做法

1 猪肋排洗净，用厨房纸吸干表面水分，用叉子扎出小洞；百里香洗净，切碎；大蒜去皮洗净，切末。

2 猪肋排背面中间的白色筋膜用刀尖划开（这样在腌制时能更好地入味），但不要切断猪肋排。

3 挤入柠檬汁，撒上盐、黑胡椒粉、百里香碎、蒜末，抹上烤肉酱，揉搓2分钟，放入冰箱冷藏2小时。

4 腌好的猪肋排放在烤网上，刷一层玉米油，烤箱预热180℃，烤40分钟；取出刷一层蜂蜜，转210℃，继续烤10分钟。

好吃贴士

- 猪肋排的新鲜与否，直接关系到肋排烤制完的口感，所以建议购买时观察一下猪肋排的颜色，在自然光下呈粉嫩色的猪肋排较好。

- 烤制前，可以将猪肋排不整齐的肉质边缘切去，使得两端肉质厚度差不多，这样腌制会更入味，也更容易烤均匀。

腌制时间	10 分钟
烤箱温度	185 ℃

烘烤时间
30 分钟

锡纸烤牛肉

食材（2人份）	
牛里脊肉	250 克
洋葱	100 克
金针菇	100 克
大葱	1 根
香菜	1 根
盐	1/8 茶匙
细砂糖	1/8 茶匙
蚝油	1/2 茶匙
淀粉	1 茶匙
玉米油	1 茶匙
小米椒碎	2 茶匙
生抽	1 汤匙
料酒	2 汤匙
白芝麻	适量

做法

1 牛里脊肉洗净，切成厚约 0.5 厘米的长条，放在碗中；香菜洗净，切碎；大葱洗净，切段；洋葱洗净，切丝。

2 倒入盐、生抽、细砂糖、蚝油、淀粉、料酒、2 茶匙清水、玉米油，抓拌均匀，腌 10 分钟。

3 烤盘铺锡纸，刷一层玉米油，放上葱段和洋葱丝，玉米油不用刷太多，薄薄一层防粘即可。

4 金针菇去根洗净，撕碎，铺在洋葱丝上，最后放上腌好的牛肉条。

5 用锡纸把所有食材包起来，放在烤盘上。

6 烤箱预热 185℃，中层，上下火，烤 30 分钟；取出后撒上香菜碎、小米椒碎、白芝麻即可。

腌制时间	12 小时
烤箱温度	190 ℃

烘烤时间
40 分钟

蜜汁烤鸭腿

- 烤箱
- 空气炸锅
- 烤炉

秘制酱料
（蒜香孜然腌料）

大葱 1 根　大蒜 3 瓣　姜丝 1 汤匙

生抽 2 汤匙　老抽 1 茶匙　料酒 2 汤匙

蚝油 1/8 茶匙　辣椒粉 1/8 茶匙

孜然粉 1/8 茶匙　细砂糖 1/8 茶匙

玉米油 1/8 茶匙　白胡椒粉适量

食材（1人份）	
鸭腿	1 只
蜂蜜	1/8 茶匙

1 鸭腿洗净，用叉子扎出小洞，放在盘子中；大葱洗净，切段；大蒜去皮洗净，切片。

2 蒜香孜然腌料倒入装有鸭腿的盘子中，抓拌均匀，放入冰箱冷藏12小时。

酱 大葱段、蒜片、姜丝、生抽、老抽、料酒、蚝油、辣椒粉、孜然粉、细砂糖、白胡椒粉、玉米油混合均匀即成蒜香孜然腌料。

3 腌好的鸭腿放在烤网上。

4 烤箱预热190℃，放入烤网，中层，烤30分钟；取出后刷一层蜂蜜，继续烤10分钟。

好吃贴士

⬥ 无论是用烤箱还是空气炸锅烤制鸭腿，其间都要取出翻一次面，这样可以更好地烤出鸭腿的油脂。

⬥ 使用空气炸锅的烤法：将腌好的鸭腿放入炸篮，空气炸锅热至200℃，烤20分钟，其间刷一次蜂蜜水；取出翻面，继续刷一层蜂蜜水，再烤10分钟即可。

脆皮烤肠

烤箱 ▯ 空气炸锅 ▯

做法

1 香肠提前解冻，洗净后用厨房纸吸干表面水分。

2 用小刀在香肠表面先斜着切一刀，再反方向斜着切一刀，呈"X"型。

3 香肠放在烤网上，表面刷一层玉米油，烤肠本身有一定油脂，不用刷太多。

4 烤箱预热210℃，中层，烤10分钟；转230℃，继续烤3分钟，取出后撒上孜然粉、辣椒粉。

烤箱温度 210℃ 转 230℃

烘烤时间 **13分钟**

食材（4人份）	
香肠	8根
孜然粉	1/8 茶匙
辣椒粉	1/4 茶匙
玉米油	1/2 茶匙

腌制时间	4 小时
烤箱温度	180℃

烘烤时间 40 分钟

食材（2 人份）

食材	用量
猪肋排	400 克
大蒜	3 瓣
姜	5 片
麻椒粉	1 茶匙
白芝麻	1/2 汤匙
蚝油	1 汤匙
叉烧汁	1 汤匙
麻辣酱	1 汤匙
辣椒粉	1 汤匙
玉米油	适量

做法

1 猪肋排洗净沥干，斩小块，放在碗中；大蒜去皮洗净，切片。

2 蒜片、姜片、辣椒粉、麻椒粉、白芝麻、蚝油、麻辣酱、叉烧汁放入装有猪肋排的碗中，搅拌均匀，放入冰箱冷藏 4 小时。

3 烤盘铺锡纸，刷一层玉米油，放入腌好的排骨，再用锡纸把烤盘密封起来。

4 烤箱预热 180℃，中层，上下火，烤 40 分钟。

烤箱

空气炸锅

香辣烤排骨

秘制酱料

叉烧汁
（见第 18 页）

秘制酱料
照烧汁
（见第17页）

照烧猪肉串

🔲 烤箱
🔥 直火烤架
🍳 烤炉

做法

1 梅花肉洗净，用厨房纸吸干表面水分；葱白洗净，切段。

2 梅花肉切成小方块，加入盐、照烧汁，搅拌均匀，腌2小时。

3 猪肉块与葱白依次串在竹签上；烤箱预热210℃，烤网上刷一层玉米油。

4 放上猪肉串，再刷一层玉米油，中层，烤20分钟。其间取出翻一次面，下层可以放一个烤盘接油。

腌制时间	2小时
烤箱温度	210℃

烘烤时间
20分钟

食材（2人份）

梅花肉	200克
葱白	1根
盐	1/8茶匙
玉米油	1汤匙
照烧汁	3汤匙

腌制时间	2 小时
烤箱温度	210 ℃

烘烤时间 15 分钟

食材（2 人份）

牛里脊肉	250 克
沙嗲酱	3 汤匙

秘制酱料

椰奶	60 毫升
大蒜	1 个
鱼露	1/8 茶匙
柠檬汁	1/8 茶匙
甜椒粉	1/8 茶匙
海盐	1/4 茶匙
黄咖喱酱	1/2 汤匙
花生酱	2 汤匙
甜辣酱	2 汤匙

做法

1 牛里脊肉洗净，切成小方块，用厨房纸吸干表面水分，放在碗中；大蒜去皮洗净，切末。

2 沙嗲酱倒入碗中，抓拌均匀，腌 2 小时。

酱 大蒜末、花生酱、甜辣酱、柠檬汁、海盐、鱼露、椰奶、黄咖喱酱、甜椒粉混合成沙嗲酱。

3 牛肉块间隔约 1 厘米串在烧烤针上，放在烤网上。

4 烤箱预热 210 ℃，中层，烤 15 分钟。

沙嗲牛肉串

烤箱 · 直火烤架 · 烤炉

秘制酱料
沙嗲酱

麻辣烤肉拼盘

秘制酱料
（麻辣酱汁）

小米椒 1 个　小葱 2 根　大蒜 3 瓣

盐 1/8 茶匙　老抽 1/8 茶匙

蚝油 1/8 茶匙　细砂糖 1/8 茶匙

烧烤粉 1/4 茶匙　生抽 2 汤匙

玉米油 1 茶匙　鸡粉适量

白芝麻适量　芝麻油适量

食材（4人份）

土豆	1个
丸子	50克
西蓝花	50克
金针菇	1把
玉米	2块
豆腐皮	4张
烤肠	2根
火腿肠	2根
香菇	4个
鸡翅中	4个

做法

1 西蓝花洗净切块，放入沸水中焯熟。

酱 小葱洗净，切末；小米椒洗净，切碎；大蒜去皮洗净，切末；葱末、小米椒碎、蒜末与其他所有调料混合成麻辣酱汁。

2 玉米切块；香菇洗净，切十字；金针菇去根洗净，用豆腐皮卷起，用牙签固定；鸡翅正反两面各切几道；烤肠和火腿肠打花刀；所有食材整齐地排放在烤盘上。

3 表面刷上一层麻辣酱汁。

4 烤箱预热185℃，中层，上下火，烤25分钟，其间拿出来再刷一次酱汁，这样能更好地入味。

好吃贴士

🔥这道烤肉拼盘备料非常简单，可以根据自己的口味随心更换食材，但是要注意蔬菜不应选择那些容易烤出水的叶菜。如果是生肉一定要去掉血水，建议将肉腌制后稍加烹饪再与蔬菜一起放入烤箱烤制。

腌制时间	2.5小时
烤箱温度	210℃

烘烤时间
20 分钟

麻辣牛肉干

秘制酱料
（芝麻拌酱）

孜然粉 1/4 茶匙　花椒粉 1/4 茶匙

芝麻油 1/4 茶匙　辣椒粉 1/2 汤匙

白芝麻 1 茶匙

-46-

食材（3人份）

食材	分量
牛腱子肉	500 克
八角	1 粒
香叶	2 片
姜	3 片
干辣椒	5 个
花椒	10 粒
麻椒	10 粒
白胡椒粉	1/4 茶匙
细砂糖	1/2 茶匙
老抽	1 茶匙
玉米油	2 茶匙
生抽	1 汤匙半
料酒	2 汤匙

做法

1 牛肉逆着纹理切成等大的长条，倒入锅中，放入料酒、老抽、生抽、细砂糖、白胡椒粉，腌2小时。

2 油锅烧热，中火爆香姜片、干辣椒、香叶、花椒、麻椒、八角，牛肉控干水分，倒入锅中，变色后转中小火翻炒3分钟。

3 炒好的牛肉条放入碗中，倒入芝麻拌酱腌30分钟。

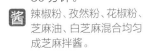

酱 辣椒粉、孜然粉、花椒粉、芝麻油、白芝麻混合均匀成芝麻拌酱。

4 腌好的牛肉放在烤网上，烤箱预热210℃，中层，烤20分钟即可。

好吃贴士

🔸 做一份好吃的牛肉干，需要选择有嚼劲的牛腱子肉，先腌制然后翻炒最后再高温烘烤。牛腱子肉是膝关节往上大腿上的肉，硬度适中，纹路规则，不仅适合卤味，也适合做牛肉干。

🔸 牛肉需要逆着纹路切，如果顺着纹路切的话，烤制后肉质很容易变得干柴。

烤箱温度 **180** ℃　　烘烤时间 **35 分钟**

彩椒酿肉

🍱 烤箱
🍳 直火烤架
🍲 空气炸锅

食材（3人份）

猪肉糜	150 克
彩椒	3 个
姜	3 片
小葱	3 根
盐	1/8 茶匙
老抽	1/8 茶匙
白胡椒粉	1/8 茶匙
料酒	1 汤匙
生抽	1 汤匙
蚝油	适量
鸡粉	适量
芝麻油	适量

做法

1 彩椒洗净，横着对半切开，只取其中的一半，去子挖空；姜、小葱洗净，切末。

2 猪肉糜倒入碗中，加入姜末、葱末、盐、生抽、老抽、白胡椒粉、料酒、蚝油、鸡粉、芝麻油，顺着一个方向搅拌至黏稠。

3 肉馅装入彩椒中，用汤匙把表面抹平。

4 彩椒放在烤盘上，烤箱预热 180℃，中层，烤 35 分钟，可加盖一层锡纸，防止彩椒表皮上色。

好吃贴士

- 可以将肉馅先炒熟后再填入彩椒内烘烤，这样能够缩短烘烤时间，彩椒的水分便不会流失太多，吃起来更加软嫩多汁，还能减轻肉馅的油腻感。

- 使用空气炸锅的烤法：把装有肉馅的彩椒放入炸篮，注意彩椒要保持直立状态，空气炸锅热至 180℃，烤 20 分钟左右。

炭烤猪脆骨

烤箱　直火烤架　烤炉

做法

1 猪脆骨洗净；大葱洗净，切段。锅中加水烧开，倒入猪脆骨、葱段、1汤匙料酒、陈醋，煮开后转中火继续煮20分钟。

2 煮好后，捞出猪脆骨沥干，倒入1汤匙料酒、生抽、一半孜然粉、一半五香粉、辣椒粉、一半盐，抓拌均匀，腌30分钟。

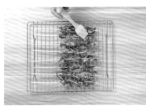

3 猪脆骨串在烧烤针上，刷一层玉米油，撒上剩余的孜然粉、五香粉、盐。

4 烤箱预热200℃，中层，烤15分钟，至猪脆骨两面呈焦黄色。

| 腌制时间 | 30 分钟 |
| 烤箱温度 | 200 ℃ |

烘烤时间 15 分钟

食材（4人份）	
猪脆骨	320 克
大葱	1 根
孜然粉	1 茶匙
五香粉	1/8 茶匙
辣椒粉	1/4 茶匙
盐	1/4 茶匙
陈醋	1/2 汤匙
玉米油	1/2 汤匙
料酒	2 汤匙
生抽	1 汤匙

鱼虾蟹，
一点盐提鲜

腌制时间	30 分钟
烤箱温度	220 ℃

烘烤时间
18 分钟

日式秋刀鱼

烤箱
直火烤架
烤炉

食材（4人份）	
秋刀鱼	4 条
白醋	2 汤匙
色拉油	适量
现磨海盐	适量
迷迭香	适量

做法

1 秋刀鱼洗净，用厨房纸吸干表面水分，整条秋刀鱼均匀地抹上白醋。

2 烤盘铺锡纸，刷一层色拉油，放入秋刀鱼。

3 海盐研磨在秋刀鱼的两面，腌 30 分钟。

4 烤箱预热 220℃，中层，烤 10 分钟；取出翻面，再刷一层油，继续烤 8 分钟后取出，缀上迷迭香即可。

好吃贴士

- 因为秋刀鱼表皮细嫩，很容易烤煳，所以烤盘表面一定要包上锡纸，锡纸上也要刷上油。

- 翻面时如果发现鱼皮粘连在锡纸上，不要用力夹取，可以用刮板轻轻地推一下鱼背，就能顺利地翻面；如果鱼肉溢出的油脂较多，翻面时也可以不刷油。

| 腌制时间 | 30 分钟 |
| 烤箱温度 | 200 ℃ |

烘烤时间
15 分钟

日式烤鳗鱼

烤箱

空气炸锅

秘制酱料

叉烧汁
（见第18页）

食材（2人份）	
鳗鱼	1 条
葱段	1 根
姜	1/2 块
洋葱	1 个
老抽	1/2 茶匙
盐	1/2 茶匙
料酒	1 汤匙
细砂糖	1 汤匙
玉米油	1 汤匙
生抽	2 汤匙
叉烧汁	3 汤匙
白芝麻	适量
海苔碎	适量

做法

1 鳗鱼用自来水喷淋解冻，去除内脏、洗净，用开水汆烫1分钟后捞出；放入清水中浸泡片刻，洗净鳗鱼身上的黏液；姜洗净，切片；葱段切末。

2 鳗鱼平放在案板上，从尾部沿脊骨的方向往前平行切割，切出整片的去骨鳗鱼肉；另一面再平行剔去鱼骨。

3 处理好的鳗鱼肉，切小段，放在碗中，倒入葱末、姜片、生抽、老抽、盐、细砂糖、料酒，抓拌均匀，腌30分钟。

4 烤盘铺锡纸，刷一层玉米油，洋葱去皮，洗净，切丝，均匀地铺在烤盘上。

5 腌好的鳗鱼用牙签固定，鱼皮朝下，放在洋葱丝上。

6 烤箱预热200℃，中层，烤8分钟后取出；刷一层叉烧汁，继续烤7分钟。食用时可撒上白芝麻和海苔碎。

腌制时间 | 20 分钟
烤箱温度 | 200 ℃

烘烤时间 10 分钟

锡纸烤鲈鱼

食材（2人份）	
鲈鱼	1条
芹菜	2根
姜	1/2块
小葱	1根
大蒜	4瓣
盐	1/2茶匙
剁椒酱	1/2汤匙
细砂糖	1汤匙
淀粉	1汤匙
豆瓣酱	1汤匙
蒸鱼豉油	1汤匙
料酒	2汤匙
高汤	适量
白胡椒粉	适量
玉米油	适量

做法

1 鲈鱼去除内脏等，冲洗干净，用刀在鱼身两侧斜切几道，放入碗中。

2 盐和料酒混合均匀后倒入盆中，涂抹均匀，腌10分钟后翻面，继续腌10分钟。

3 芹菜去根去叶，洗净切丁；大蒜去皮洗净，切末；姜、小葱分别洗净，切末。

4 腌好的鲈鱼沥干，两侧拍上淀粉；油锅热至五成，放入鲈鱼，煎至两面金黄，捞出控油。

5 锅中留底油，爆香葱末、姜末、蒜末、豆瓣酱，倒入芹菜丁、剁椒酱、白胡椒粉，翻炒均匀，加入蒸鱼豉油、细砂糖、高汤烧开，最后放入鲈鱼煮5~6分钟。

6 烤盘铺锡纸，鲈鱼连汤汁一起放入烤盘，放上剩余食材，用锡纸把烤盘密封起来，用牙签戳几个小洞，烤箱预热200℃，中层，烤10分钟。

| 腌制时间 | 10分钟 |
| 烤箱温度 | 185℃ |

烘烤时间 20分钟

蒜蓉开背虾

秘制酱料
（蒜蓉胡椒汁）

大蒜 6 瓣　小葱 1 根　生抽 2 汤匙

老抽 1/8 茶匙　细砂糖 1/8 茶匙

白胡椒粉适量　蚝油适量

鸡粉适量　芝麻油适量

食材（3人份）

鲜虾	300 克
大葱	1 根
小米椒	1 根
姜	5 片
玉米油	1 茶匙
料酒	1 汤匙

做法

1 鲜虾从后背剖一刀，注意不要剖断，去除虾线，洗净；小米椒洗净，切碎。

酱 大蒜去皮洗净，切末；小葱洗净，切末；蒜末、葱花、1 汤匙温水与蒜蓉胡椒汁的其他所有调料混合均匀。

2 大葱洗净切片，与姜片、料酒、玉米油一起倒入装有鲜虾的碗中，混合均匀，腌 10 分钟。

3 鲜虾去头，沿着虾背剪开一半，虾尾朝上，放在烤盘底部，淋上蒜蓉胡椒汁，撒上小米椒碎。

4 用锡纸把烤盘密封起来，放在烤网上，烤箱预热 185℃，中层，上下火，烤 20 分钟。

好吃贴士

🔸 建议选择马达加斯加黑虎虾等个头较大的海虾，肉紧味鲜，烤制后弹牙微脆，因为海虾本身有一定咸味，不用另外加盐调味。

🔸 虾开背后可以用刀拍一拍，防止虾肉烤制后收缩，影响菜品美观。

盐焗阿根廷红虾

烤箱

直火烤架

烤炉

食材（3人份）

阿根廷红虾	500 克
海盐	160 克
八角	1 粒
花椒	18 粒
黑胡椒粉	1/8 茶匙
料酒	1 汤匙

做法

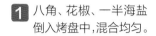

1 八角、花椒、一半海盐倒入烤盘中，混合均匀。

2 阿根廷红虾去除虾线，洗净，放在碗中，倒入黑胡椒粉、料酒，腌 30 分钟。

3 腌好的阿根廷红虾排放在海盐上，均匀地撒上剩下的海盐。

4 烤箱预热 185℃，上下火，中层，烤 20 分钟。

好吃贴士

🔥 烤虾的时间不宜太长，否则肉质口感会变柴变老，具体时间根据虾的大小来调整。一般情况下，烤至虾壳完全变色即可。

🔥 可以加入一些柠檬汁，或者放几片柠檬片，能很好地去腥提鲜。

| 腌制时间 | 2 小时 |
| 烤箱温度 | 190 ℃ |

烘烤时间 20 分钟

巴沙鱼排

烤箱

直火烤架

秘制酱料
（酸甜酱）

番茄酱 2 汤匙

泰式甜辣酱 1 汤匙半

食材（3人份）

面粉	20 克
面包糠	30 克
巴沙鱼柳	300 克
柠檬	1/2 个
鸡蛋	1 个
大蒜	1 个
黑胡椒粉	1/8 茶匙
盐	1/4 茶匙
欧芹	1/4 茶匙
橄榄油	1/2 茶匙

做法

1 巴沙鱼柳提前解冻，洗净沥干，挤入柠檬汁，加入黑胡椒粉和盐，揉搓 2 分钟，放入冰箱冷藏 2 小时。

2 大蒜去皮洗净，切末；欧芹洗净，切碎；鸡蛋打散。蒜末、欧芹碎、面包糠、橄榄油混合成香酥料。

3 巴沙鱼柳先裹上一层面粉，再裹上蛋液，最后裹上香酥料。

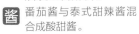
酱 番茄酱与泰式甜辣酱混合成酸甜酱。

4 烤箱预热 190℃，烤盘铺锡纸，刷一层橄榄油，放上巴沙鱼柳，烤 20 分钟；取出切块，食用时可搭配酸甜酱。

好吃贴士

🔸 可以换成其他鱼刺同样比较少的鱼，如龙利鱼、鳕鱼等。

🔸 使用空气炸锅的烤法：腌好的鱼柳放入炸篮，尽量让鱼柳平铺，空气炸锅热至 190℃，烤 15 分钟，取出刷上一层蜂蜜水，空气炸锅热至 200℃，继续烤 4~6 分钟即可。

烤鲷鱼

秘制酱料
莎莎酱

做法

1 鲷鱼提前解冻，洗净后用厨房纸吸干表面水分，放在碗中。

2 倒入海盐、黑胡椒粉、柠檬汁，抹匀，腌30分钟。

酱 大蒜、番茄去皮；洋葱去根，洗净；香菜洗净。放入搅拌机，加入海盐、黑胡椒碎，打碎后挤入柠檬汁。

3 烤盘铺锡纸，刷一层橄榄油，放入鲷鱼，表面再刷一层橄榄油。

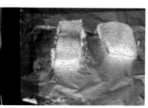

4 烤箱预热210℃，中层，烤10分钟，取出后淋上莎莎酱即可。

腌制时间	30 分钟
烤箱温度	210 ℃

烘烤时间
10 分钟

食材（2人份）	
鲷鱼	200 克
黑胡椒粉	1/8 茶匙
橄榄油	1/4 茶匙
柠檬汁	1/4 茶匙
海盐	1/2 茶匙
秘制酱料	
洋葱	1/2 个
柠檬	1/2 个
大蒜	1 瓣
番茄	1 个
香菜	2 根
海盐	1/8 茶匙
黑胡椒碎	1/8 茶匙

腌制时间	1 小时
烤箱温度	210 ℃

烘烤时间
12 分钟

食材（2人份）

对虾	6 只
黑胡椒粉	1/8 茶匙
盐	1/4 茶匙
料酒	1 汤匙
秘制酱料	
黄油	45 克
大蒜	4 瓣
迷迭香	3 枝
海盐	1/4 茶匙
黑胡椒碎	1/8 茶匙

做法

1 对虾剪去虾须，剪开虾背，去除虾线，洗净，展开虾背；大蒜去皮洗净，切末；迷迭香洗净，切碎；黄油用微波炉熔化。

2 处理好的对虾放在盘子上，加入盐、黑胡椒粉、料酒，搅拌均匀，腌 1 小时。

3 黄油蒜蓉酱均匀地抹在虾肉上。

酱 黄油、蒜末、迷迭香碎、海盐、黑胡椒碎混合成黄油蒜蓉酱。

4 烤箱预热210℃，烤盘铺油纸，放上对虾，烤12分钟。

黄油蒜蓉虾

秘制酱料
黄油蒜蓉酱

柠香盐烤螃蟹

做法

1 螃蟹刷干净，用棉线绑起来；柠檬洗净，切片。

2 取一张锡纸，撒上 10 克玫瑰盐，先铺上 2 片柠檬，然后放上螃蟹；再撒上 10 克玫瑰盐，最后放上 2 片柠檬，包起。

3 依次处理好所有螃蟹，放到烤网上，烤箱预热 200℃，中层，烤 40 分钟。

4 取出，揭去锡纸，继续烤 10 分钟，食用前去除柠檬片和盐粒即可。

烤箱温度	200℃

烘烤时间 50 分钟

食材（3 人份）

大闸蟹	6 只
柠檬	2 个
玫瑰盐	120 克

腌制时间	1 小时
烤箱温度	200 ℃

烘烤时间
12 分钟

食材（3 人份）

八爪鱼	150 克
鱼露	1/4 茶匙
盐	1/4 茶匙
柠檬汁	1/4 茶匙
秘制酱料	
大蒜	1 瓣
蜂蜜	1 汤匙
生抽	2 汤匙

做法

1 八爪鱼洗净沥干，放在碗中。

酱 大蒜去皮洗净，切末。蒜末、蜂蜜、生抽混合成蒜蓉甜辣酱。

2 倒入 1/2 茶匙蒜蓉甜辣酱、鱼露、盐、柠檬汁，抓拌均匀，腌 1 小时。

3 锡纸折成正方形，铺在烤盘上，放入腌好的八爪鱼。

4 烤箱预热 200℃，烤 8 分钟，取出后刷蒜蓉甜辣酱，继续烤 4 分钟。

泰式烤八爪鱼

秘制酱料
蒜蓉甜辣酱

秘制酱料
蒜蓉
剁椒酱

锡纸蛤蜊

做法

1 蛤蜊倒入加了盐的冷水中，静置1小时，洗净，捞出沥干；粉丝提前用温水泡软。

2 锅中加水烧开，倒入蛤蜊，开口后捞出沥干；香菜洗净，切碎；大蒜去皮洗净，切碎。

3 锅中铺锡纸，依次放上粉丝和蛤蜊，淋上酱料。

酱 蒜末、剁椒酱、生抽、细砂糖、盐、白胡椒粉、芝麻油混合成蒜蓉剁椒酱。

4 烤箱预热210℃，中层，烤12分钟，取出后撒上香菜碎即可。

烤箱温度	210℃

烘烤时间
12分钟

食材（2人份）	
蛤蜊	400克
粉丝	30克
香菜	3根
秘制酱料	
大蒜	2瓣
盐	1/8茶匙
白胡椒粉	1/8茶匙
细砂糖	1/4茶匙
芝麻油	1茶匙
剁椒酱	1/2汤匙
生抽	1汤匙半

腌制时间	2小时
烤箱温度	200℃

烘烤时间 20分钟

食材（2人份）

带鱼	450克
姜	6片
小葱	1段
盐	1/8茶匙
五香粉	1/8茶匙
白胡椒粉	1/8茶匙
玉米油	1茶匙
椒盐	1茶匙
生抽	1汤匙
料酒	2汤匙

做法

1 带鱼去除内脏，洗净切段，用刀在鱼身两侧各斜切几道，放在碗中。

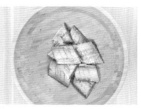

2 倒入盐、五香粉、白胡椒粉、料酒、生抽、姜片、葱段，抓拌均匀，腌2小时。

3 烤盘铺锡纸，刷一层玉米油，放入腌好的带鱼段，再刷一层玉米油。

4 烤箱预热200℃，中层，烤20分钟，至带鱼两面呈焦黄色，取出撒上椒盐。

香酥带鱼

蒜蓉粉丝扇贝

秘制酱料
（蒜蓉豉油酱）

大蒜 6 瓣

蒸鱼豉油 1 茶匙

玉米油适量

食材（2人份）	
扇贝	4 只
粉丝	20 克
小葱	2 根
小米椒	2 个
细砂糖	1/8 茶匙
生抽	1 茶匙
蒸鱼豉油	3 茶匙
料酒	1 汤匙

做法

1 扇贝洗净，去除内脏和沙包，用刀取出贝肉，放在碗中，倒入料酒，腌 30 分钟。

2 粉丝用温水泡软，倒去温水沥干，倒入 1 茶匙蒸鱼豉油、生抽，搅拌均匀。

3 小葱洗净，切末；小米椒洗净，切碎；大蒜去皮洗净，切末。

酱 油锅烧热，爆香蒜末，加入蒸鱼豉油，翻炒均匀，即成蒜蓉豉油酱。

4 粉丝铺在贝壳上，放上腌好的贝肉，再放上蒜蓉豉油酱。

5 2 茶匙蒸鱼豉油、1 茶匙开水、细砂糖混合均匀，淋在扇贝上，撒上葱末和小米椒碎。

6 烤箱预热 220℃，烤盘铺锡纸，放上扇贝，中层，上下火，烤 10 分钟。

盐焗蛏子

做法

1 蛏子倒入加了盐的冷水中,静置 1 小时,洗净,捞出沥干。

2 在蛏子背部划一刀,清理掉蛏子里的水,用厨房纸擦干。

烤箱温度 200℃

烘烤时间 15 分钟

3 锅中放入盐、八角、花椒、香叶,小火翻炒出香味,捞出香料,整齐地放上蛏子,开口向上。

4 烤箱预热200℃,中层,烤 10 分钟;取出翻面,继续烤 5 分钟。

食材（2 人份）	
蛏子	200~300 克
盐	160 克
八角	1 粒
香叶	1 片
花椒	15 粒

腌制时间	30 分钟
烤箱温度	185 ℃

烘烤时间
10 分钟

食材（2 人份）

黑鳕鱼	2 块
色拉油	适量
秘制酱料	
味淋	4 汤匙
料酒	2 汤匙
细砂糖	1/4 茶匙
白味噌	2 汤匙

做法

1 黑鳕鱼放在室温下解冻，用厨房纸吸干表面的水分。

2 淋上味噌调味汁，揉搓2 分钟，腌 30 分钟。

酱 白味噌、味淋、料酒、细砂糖混合成味噌调味汁。

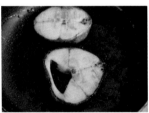

3 锅内倒入色拉油加热，用厨房纸擦净鳕鱼表面腌料，放入锅中，中小火煎至两面呈金黄色。

4 烤箱预热 185℃，取出煎好的鳕鱼，放在烤网上，中层，烤 10 分钟。

味噌烤鳕鱼

秘制酱料
味噌调味汁

芝士焗生蚝

秘制酱料
蒜香海鲜
调汁

做法

1 生蚝洗净,刷干净外壳;大蒜去皮洗净,切末。

2 锅中加水烧开,倒入生蚝,大火煮 1 分钟,捞出,过冷水,将壳掰开。

3 蒜香海鲜调汁放在生蚝上。

酱 蒜末、蚝油、黑胡椒粉、1 汤匙温水混合均匀,挤入柠檬汁即成蒜香海鲜调汁。

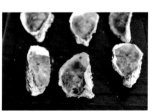

4 撒上马苏里拉芝士碎,摆在烤盘上,烤箱预热210℃,中层,烤 15 分钟。

烤箱温度	210 ℃

烘烤时间
15 分钟

食材(2 人份)	
生蚝	6 个
马苏里拉芝士碎	20 克
秘制酱料	
柠檬	1/4 个
大蒜	2 瓣
黑胡椒粉	1/8 茶匙
蚝油	1 茶匙

腌制时间	30分钟
烤箱温度	230℃

烘烤时间
8 分钟

食材（3 人份）

鲍鱼	9 或 10 个
小米椒	1 个
小葱	2 根
白胡椒粉	1/8 茶匙
料酒	1 汤匙

秘制酱料

大蒜	8 瓣
细砂糖	1 茶匙
玉米油	1 汤匙
蒸鱼豉油	3 汤匙

做法

1 鲍鱼洗净，取出鲍鱼肉在表面切十字花刀，放在碗中，切除鲍鱼的内脏，放入白胡椒粉、料酒，腌 30 分钟；鲍鱼壳刷洗干净。

2 大蒜去皮洗净，切末。

酱 油锅烧热，倒入一半蒜末，翻炒成金黄色后盛出，加入另一半蒜末、蒸鱼豉油、细砂糖，翻炒均匀，即成金银蒜酱汁。

3 鲍鱼肉放回鲍鱼壳中，放入烤盘，烤箱预热230℃，中层，烤 5 分钟；取出，放上金银蒜酱汁继续烤 3 分钟。

4 小葱洗净，切末；小米椒洗净，切碎；撒在鲍鱼上做装饰即可。

金银蒜鲍鱼

秘制酱料
金银蒜酱汁

腌制时间 2 小时
烤箱温度 220 ℃
烘烤时间 20 分钟

麻辣烤鱼

秘制酱料
（麻辣豆瓣酱）

高汤 400 毫升　大葱 1/4 根

姜 1/2 块　香叶 1 片　大蒜 5 瓣

干辣椒 5 个　花椒 10 粒　麻椒 10 粒

芝麻油 1/8 茶匙　白胡椒粉 1/4 茶匙

孜然粉 1/4 茶匙　盐 1/2 茶匙

细砂糖 1/2 茶匙　生抽 1 汤匙

郫县豆瓣酱 3 汤匙

玉米油适量

食材（5人份）	
西蓝花	1/2 个
莴笋	1/2 根
大葱	1/2 根
姜	1/2 块
土豆	1 个
芹菜	2 根
小米椒	2 个
罗非鱼	1 条
白胡椒粉	1/8 茶匙
盐	1/4 茶匙
料酒	1 汤匙
干辣椒	适量
花椒	适量
香菜	适量

做法

1 罗非鱼处理干净；莴笋、姜洗净，切片；土豆、大蒜去皮洗净，切片；大葱洗净，切丝；小米椒洗净，切碎。

2 在鱼身两侧各斜切几道，倒入盐、葱丝、姜片、料酒、白胡椒粉，涂抹均匀，腌 2 小时。

3 油锅热至八成，放入土豆片，炸至金黄，捞出控油，再放入罗非鱼，炸至两面呈金黄色，捞出控油。

4 西蓝花洗净，掰小朵，芹菜洗净，切段，与莴笋片一起焯熟后放入烤盘，放上罗非鱼。

酱 油锅烧热，倒入姜片、蒜片、葱丝、香叶，小火炒出香味，加入花椒、麻椒、干辣椒、豆瓣酱翻炒均匀，倒入开水，加入剩余调料，中火煮 2 分钟。

5 麻辣豆瓣酱淋在罗非鱼上，烤箱预热 220℃，中层，烤 15 分钟后取出；倒入炸好的土豆片，再烤 5 分钟。

6 油锅热至五成，爆香干辣椒、花椒，趁热浇在烤好的鱼上，撒上小米椒碎、香菜碎即可。

| 腌制时间 | 1 小时 |
| 烤箱温度 | 200 ℃ |

烘烤时间
12 分钟

迷迭香海盐烤虾

烤箱

直火烤架

烤炉

秘制酱料
（柠香混合料）

柠檬 1/2 个

黑胡椒粉 1/2 茶匙

迷迭香碎 1 茶匙

海盐 1 茶匙

食材（3人份）

鲜虾	300 克
橄榄油	1 茶匙

做法

1 鲜虾洗净，从后背剖一刀，注意不要剖断，从开口处抽出虾线，去掉虾头，依次处理好所有鲜虾。

2 处理好的鲜虾放在碗中，倒入柠香混合料，抓拌均匀，放入冰箱冷藏 1 小时。

酱 柠檬挤汁，与迷迭香碎、海盐、黑胡椒粉混合成柠香混合料。

3 用烧烤针把腌好的虾依次串好，间隔约 1 厘米，烤箱预热 200℃。

4 烤网刷一层橄榄油，放上虾串，再刷一层橄榄油，烤 12 分钟，其间取出来翻一次面。

好吃贴士

🌢 说到海鲜，一直感觉保留它原有的滋味才是上佳选择，所以烤虾只是用了香草、海盐和柠檬，这样既保留了虾原有的鲜美，又因为加了柠檬，吃起来也比较清爽。

🌢 推荐选用阿根廷红虾，壳薄肉大，营养丰富，经过烤制，虾肉紧实，鲜香扑鼻，令人垂涎欲滴。

烤箱温度 200℃

烘烤时间 20分钟

海鲜烧烤拼盘

秘制酱料
（蒜蓉酱汁）

大蒜 8 瓣　小米椒 1 个

盐 1/8 茶匙　生抽 1 汤匙

老抽适量　细砂糖 1/8 茶匙

白胡椒粉 1/8 茶匙　玉米油 1 汤匙

鸡精适量

食材（2 人份）

粉丝	20 克
鲍鱼	4 只
鲜虾	5 只
花蛤	9 只
蛏子	10 只
姜	5~7 片
大葱	1/2 段
生抽	1/8 茶匙
芝麻油	1/8 茶匙
料酒	2 汤匙
盐	适量

做法

1 蛏子和花蛤倒入加了盐、芝麻油的冷水中，静置 2 小时后取出，洗净，捞出沥干，在蛏子背部划一刀，清理掉蛏子里的水，用厨房纸擦干；鲍鱼洗净去壳，在表面打花刀；鲜虾去除虾线，洗净。

2 粉丝用温水泡发 10 分钟，捞出沥干，放入碗中，倒入生抽，搅拌均匀。

酱 大蒜去皮洗净，切末；小米椒洗净，切碎。油锅烧热，爆香蒜末，翻炒至焦黄色，加入小米椒碎，翻炒均匀，再倒入生抽、老抽、细砂糖、盐、白胡椒粉、鸡精、2 汤匙温水，混合均匀。

3 大葱洗净，切段；锅中加水烧开，倒入葱段、姜片、料酒、鲜虾，煮熟后捞出；将蛏子、花蛤用同样方法煮熟。

4 粉丝平铺在烤盘上；各类海鲜整齐地码在粉丝上，淋上蒜蓉酱汁。烤箱预热 200℃，上下火，中层，烤 20 分钟。

好吃贴士

💧 炒、煎、炸等常见的海鲜做法虽然听上去很好吃，但是火候掌控和调味常常会碰到各种问题，这道海鲜拼盘几乎不需要厨艺，只要跟着步骤一步一步做就可以做出味美且诱人的菜品。

香酥鱿鱼圈

🔲 烤箱
🍚 空气炸锅

做法

1 鸡蛋打散，加入少许盐、少许白胡椒粉、芝麻油，去除腥味；大葱洗净，切片；鱿鱼圈洗净沥干。

2 葱片、鱿鱼圈放在盘子中，倒入姜片、料酒、白胡椒粉和 1/8 茶匙盐，抓拌均匀，腌 10 分钟。

3 鱿鱼圈先裹上一层面粉，再裹上蛋液，最后裹上面包糠。

4 处理好所有鱿鱼圈，放在烤盘上，烤箱预热180℃,中层,烤15分钟。

腌制时间	10 分钟
烤箱温度	180 ℃

烘烤时间
15 分钟

食材（2 人份）	
面粉	30 克
面包糠	45 克
鱿鱼圈	250 克
大葱	1/4 根
鸡蛋	1 个
姜	4~6 片
盐	适量
料酒	2 汤匙
白胡椒粉	适量
芝麻油	适量

蔬菜菌菇，
火候足味道美

椒盐薯条

□ 烤箱　　一 空气炸锅

做法

1 土豆洗净去皮，切成大小相等的土豆条，用盐水浸泡5分钟。

2 泡好的土豆条捞出沥干，刷一层玉米油，放在烤网上。

3 烤箱预热190℃，中层，上下火，烤25分钟，其间取出翻一次面。

4 烤好后取出，可按个人口味撒些椒盐。

腌制时间	5 分钟
烤箱温度	190 ℃

烘烤时间 25 分钟

食材（2人份）

土豆	2个
玉米油	1/8 茶匙
椒盐	1/4 茶匙
盐	适量

腌制时间	1 小时
烤箱温度	200 ℃

烘烤时间
30 分钟

食材（2 人份）

土豆	2 个
盐	2 茶匙
橄榄油	3 汤匙
黑胡椒粉	适量
百里香碎	适量

做法

1 土豆洗净去皮，用厨房纸吸干表面水分，滚刀切成约 3 厘米的小块。

2 薯角放入保鲜袋，加入黑胡椒粉、橄榄油、盐、百里香碎，扎紧袋口，用力摇晃，腌 1 小时。

3 烤盘铺锡纸，均匀地放上薯角。

4 烤箱预热 200℃，中层，上下火，烤 30 分钟。

黑椒味薯角

烤箱

空气炸锅

烘烤时间
15 分钟

蒜蓉粉丝烤金针菇

秘制酱料
（蒜蓉辣椒酱）

大蒜 4 瓣 小米椒 1 个 老抽 1/8 茶匙

细砂糖 1/8 茶匙 玉米油 1 汤匙

生抽 2 汤匙 白胡椒粉适量

芝麻油适量 鸡精适量

食材（2人份）

金针菇	300~400 克
粉丝	1 把
生抽	适量

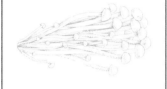

做法

1 金针菇洗净，去除根部，撕散；粉丝用温水泡发后捞出沥干。

2 烤碗先铺上粉丝，再放上金针菇。

3 蒜蓉辣椒酱淋在金针菇上。

酱 大蒜去皮洗净，切末；小米椒洗净，切碎，油锅烧热，爆香蒜末，加入小米椒碎、生抽、老抽、细砂糖、芝麻油、鸡精、2 汤匙温水、白胡椒粉，翻炒均匀即成蒜蓉辣椒酱。

4 用锡纸把烤碗密封起来，烤箱预热 180℃，中层，上下火，烤 15 分钟。

好吃贴士

🔸 烤熟后的蒜蓉不仅减轻了辛辣味，还激发出浓烈但不呛人的蒜香，更容易被大众接受。

🔸 在翻炒蒜蓉的时候，不要炒得太焦黄，油要稍微多一些，最好让蒜蓉完全浸在油里，否则炒出来的蒜蓉会有些苦味。

烤箱温度 180 ℃

烘烤时间 20分钟

剁椒香菇盏

🔲 烤箱

🍲 烤炉

🍚 空气炸锅

秘制酱料
（蒜蓉剁椒酱）

孜然粉 1/8 茶匙　芝麻油 1/8 茶匙

细砂糖 1 茶匙　剁椒酱 4 汤匙

大蒜 2 瓣　玉米油适量

食材（2人份）

香菇	9 个
盐	1/8 茶匙
小葱	1 根

做法

1 小葱洗净，切末；香菇洗净，去掉根部。

2 烤箱预热 180℃，香菇摆在烤网上，撒上盐，烤 15 分钟。

3 大蒜去皮洗净，切末。

酱 油锅烧热，爆香蒜末，倒入剁椒酱，翻炒均匀，加入细砂糖、孜然粉、芝麻油，翻炒均匀即成蒜蓉剁椒酱。

4 取出后淋上蒜蓉剁椒酱，继续烤 5 分钟，烤好后撒上葱末即可。

好吃贴士

🔥 剁椒和蒜蓉是绝妙的调味搭档，作为馅料可以提升香菇原本的美味口感，还有助于调和香菇本身鲜嫩的滋味。

🔥 如果不喜欢吃烤得很干的香菇，可以事先将香菇用食用油腌制几小时，并在烤制过程中刷一些色拉油。

烤箱温度 180℃　烘烤时间 15分钟

芝士芦笋

烤箱　烤炉　空气炸锅

食材（2人份）

芦笋	250 克
马苏里拉芝士碎	100 克
彩椒	2 个
盐	1 茶匙
色拉油	3 汤匙
喜马拉雅岩盐	适量
现磨黑胡椒碎	适量

做法

1 芦笋去根，洗净；彩椒洗净，去子，切碎。

2 锅中加水烧开，倒入芦笋，加入盐，焯烫半分钟，捞出沥干。

3 芦笋放在烤碗上，撒上适量彩椒碎。

4 色拉油均匀地淋在芦笋上。

5 研磨上适量的喜马拉雅岩盐和黑胡椒碎，再放上马苏里拉芝士碎。

6 烤箱预热 180℃，烤15 分钟，至芝士全部熔化渗进芦笋中即可。

烤箱温度 **180 ℃**　　烘烤时间 **25 分钟**

□烤箱　　🍲烤炉

口蘑鹌鹑蛋

食材（2人份）

口蘑	8个
鹌鹑蛋	8个
迷迭香	适量
色拉油	适量
现磨喜马拉雅岩盐	适量
现磨黑胡椒碎	适量

做法

1 口蘑掰掉菌柄，用清水浸泡5分钟，清洗两遍，捞出沥干。

2 烤盘铺锡纸，刷一层色拉油，伞盖朝下摆放整齐，刷一层色拉油，再研磨上岩盐。

3 烤箱预热180℃，中层，烤15分钟后取出，再刷一层油；迷迭香洗净擦干，剪成小段。

4 将鹌鹑蛋打入口蘑伞盖部的菌褶处，再研磨上适量黑胡椒碎，摆放上迷迭香段。

5 烤盘送回烤箱，继续烤10分钟即可。

烤箱温度	200℃ 转 210℃

烘烤时间
25 分钟

风味茄子

烤箱

空气炸锅

秘制酱料
（小米椒调味汁）

大蒜 3 瓣　青椒 1 个　小米椒 1 个

细砂糖 1/8 茶匙　白胡椒粉 1/8 茶匙

孜然粉 1/8 茶匙　芝麻油 1/8 茶匙

蚝油 1 汤匙　生抽 1 汤匙

食材（4 人份）

长茄子	2 根
玉米油	1 汤匙

做法

1 青椒、小米椒洗净，切碎；大蒜去皮洗净，切末。

酱 青椒碎、小米椒碎、生抽、细砂糖、白胡椒粉、孜然粉、蚝油、芝麻油、蒜末混合成小米椒调味汁。

2 长茄子洗净，竖着对半切开，用刀在茄子肉上划几刀。

3 茄子放在烤网上，刷一层玉米油，烤箱预热 200℃，中层，烤 15 分钟。

4 取出，淋上小米椒调味汁，送回烤箱调至 210℃，烤 10 分钟即可。

好吃贴士

🍂 茄子先刷一层油烤 15 分钟，先将茄子多余的汁水烤干，再刷上酱汁烤制，味道更加浓郁，也可以在切好的茄子上放上一层肉末，刷上酱料一起烤制。

🍂 使用空气炸锅的烤法：茄子刷一层玉米油放入炸篮，空气炸锅热至 190℃，烤 20 分钟；取出茄子刷上小米椒调味汁，放回炸篮，空气炸锅热至 210℃，烤 15 分钟即可。

韭菜棒棒糖

🔲 烤箱
🍖 直火烤架

做法

1 锅中加水烧开，关火，放入洗净的韭菜焯烫一会儿，捞出沥干。

2 韭菜3根1组，从根部开始慢慢卷起，尽量卷紧，用烧烤针将韭菜卷串起。

3 在韭菜的表面刷一层玉米油，约1/8茶匙即可，不用太多。

4 放在烤网上，撒上盐、孜然粉、白芝麻、白胡椒粉、辣椒粉，烤箱预热180℃，中层，烤4分钟。

烤箱温度 180℃

烘烤时间 4分钟

食材（3人份）	
韭菜	150克
孜然粉	1/8 茶匙
白胡椒粉	1/8 茶匙
辣椒粉	1/8 茶匙
盐	1/4 茶匙
玉米油	1/8 茶匙
白芝麻	1/2 茶匙

烤箱温度	200 ℃	烘烤时间 30 分钟

食材（2 人份）

食材	用量
迷你胡萝卜	8 根
盐	1/8 茶匙
黑胡椒粉	1/8 茶匙
橄榄油	1/4 茶匙
蜂蜜	1/2 汤匙
百里香碎	适量

做法

1 迷你胡萝卜刷洗干净；百里香洗净，切碎。

2 迷你胡萝卜表皮上刷一层橄榄油，撒上盐、黑胡椒粉、百里香碎。

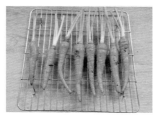

3 迷你胡萝卜放在烤网上，烤箱预热 200℃，中层，烤 20 分钟。

4 取出，刷一层蜂蜜，放入烤箱，继续烤 10 分钟。

蜜汁胡萝卜

烤箱　空气炸锅　烤炉

风琴小土豆

🔲 烤箱
🍲 烤炉
🍟 空气炸锅

做法

1 小土豆刷洗干净，切片，但底部不要切断。

2 切好的小土豆用盐水浸泡5分钟。

3 小土豆捞出沥干，放在烤网上，烤箱预热210℃，中层，烤20分钟。

4 取出，在小土豆表面刷一层橄榄油，撒上黑胡椒粉，继续烤10分钟。

腌制时间	5分钟
烤箱温度	210℃

烘烤时间 30分钟

食材（4人份）

小土豆	12~14个
黑胡椒粉	1/8茶匙
盐	1茶匙
橄榄油	1汤匙

烤箱温度	185 ℃

烘烤时间
8 分钟

食材（2 人份）

秋葵	150 克
黑胡椒粉	1/8 茶匙
海盐	1/2 茶匙
玉米油	1 茶匙

做法

1 秋葵洗净，用厨房纸吸干表面水分。

2 烤盘刷一层玉米油防粘，秋葵不吸油，不用刷太多。

3 均匀地排放上秋葵，刷一层玉米油，烤箱预热185℃。

4 中层，烤 8 分钟取出，食用时撒上黑胡椒粉、海盐即可。

烤秋葵

烤箱
直火烤架

烤箱温度 **220** ℃

烘烤时间 **25** 分钟

普罗旺斯炖菜

食材（4 人份）	
番茄	1 个
洋葱	1/2 个
大蒜	2 个
西葫芦	1 根
胡萝卜	1 根
茄子	1 根
香菜	1 根
普罗旺斯香料	1/8 茶匙
黑胡椒粉	1/8 茶匙
细砂糖	1/2 茶匙
橄榄油	1 茶匙
盐	1 茶匙

做法

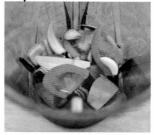

1 番茄、洋葱洗净切块；大蒜去皮洗净；番茄块、洋葱块、大蒜倒入料理机，打成酱汁。

2 酱汁倒入锅中，加入半茶匙盐、黑胡椒粉、细砂糖、橄榄油，小火炒干；香菜洗净，切碎。

3 西葫芦、茄子、胡萝卜洗净，切圆薄片，码在酱汁上，撒上剩余的盐、普罗旺斯香料。

4 将炖菜连锅放入烤箱，烤箱预热 220℃，中层，烤 25 分钟，取出后撒香菜碎即可。

好吃贴士

🔥 蔬菜尽量切得薄些，大小均匀些，这样烘烤得更透，口感才会更好。

🔥 烘烤的时候可以在表面加盖一层锡箔纸，这样烤好的蔬菜不会太干。

🔥 如果没有能够放进烤箱的锅，也可以用烤盘或烤碗代替。

🔥 如果想让胡萝卜有甜糯口感，可以将胡萝卜去皮后用水煮成半熟，再进行烤制。

芝士烤番茄盅

烤箱　直火烤架　烤炉

食材 (4 人份)	
番茄	4 个
洋葱	1 个
猪肉末	200 克
黑胡椒粉	1/8 茶匙
盐	1/2 茶匙
细砂糖	1/4 茶匙
番茄酱	1 汤匙
橄榄油	1 汤匙
芝士粉	1 汤匙
马苏里拉芝士碎	45 克

做法

1 洋葱洗净，切碎；番茄洗净，切去顶部、挖出内瓤。

2 油锅烧热，倒入洋葱碎，翻炒至变色，倒入猪肉末，炒至发白，加入番茄酱、盐、细砂糖、黑胡椒粉，继续翻炒，加入芝士粉翻拌均匀。

3 番茄放在烤盘上，番茄间隔约 1 厘米，装入炒好的馅料，撒上马苏里拉芝士碎。

4 盖上番茄顶部，烤箱预热 200℃，中层，烤 20 分钟即可。

好吃贴士

🍴 这是一道经典的法式家常菜，除了猪肉，也可以用羊肉、牛肉来做，经过高温烘烤，番茄的清新酸味交织着阵阵肉香，十分诱人。

🍴 烤盘的顶部可以铺上一张油纸或者锡纸，再放进烤箱加热，可以使烤盘受热更加均匀，也可以防止番茄过度上色。

烤箱温度 200 ℃　　烘烤时间 20 分钟

菌菇烧烤拼盘

秘制酱料
（蒜蓉黑胡椒汁）

大蒜 3 瓣　黑胡椒粉 1/8 茶匙

盐 1/4 茶匙　生抽 1 茶匙

玉米油 1/2 茶匙

食材	
香菇	4个
口蘑	3个
平菇	2个
金针菇	1把
杏鲍菇	1个
小米椒	1个
葱花	适量
玉米油	适量

做法

1 菌菇类食材洗净，挤干多余的水分，去尾；香菇、口蘑切块；杏鲍菇切条；平菇、金针菇撕成条。

2 大蒜去皮洗净，切末。

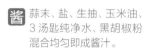

酱 蒜末、盐、生抽、玉米油、3汤匙纯净水、黑胡椒粉混合均匀即成酱汁。

3 菌菇类食材倒入碗中，倒入酱汁，搅拌均匀，铸铁锅刷一层玉米油，倒入菇类混合均匀。

4 烤箱预热200℃，上下火，中层，烤20分钟；其间取出翻两次面，烤好后取出撒上小米椒、葱花即可。

好吃贴士

🔥 烤菌菇类食材需要多刷一些油，否则口感会太干，腌制时也不容易入味。

🔥 菌菇类食材建议先焯水，如果不焯水，建议用盐腌制30分钟。出水后挤干水分，挤的时候不要太用力，否则会破坏菌菇的形状；也可以裹上一层薄薄的面糊烘烤，口感更加丰富。

香烤杂蔬

食材（3人份）

西蓝花	1/2 颗
莲藕	1/2 个
芦笋	5 根
胡萝卜	1 根
玉米	1 根
土豆	1 个
茄子	1 个
烧烤料	1 茶匙
海盐	1 茶匙
玉米油	1 汤匙

做法

1 芦笋、玉米、茄子洗净，切段；胡萝卜、土豆、西蓝花洗净，切块；莲藕洗净，切片；将所有蔬菜一起倒入烤盘中。

2 玉米油、烧烤料、海盐混合均匀成酱料，倒入装有蔬菜的烤盘中，搅拌均匀。

3 烤箱预热 190℃，中层，上下火，烤 20 分钟；取出翻面，放回烤箱，继续烤 20 分钟。

4 取出翻面时如果表面上色了及时加盖锡纸；烤制后取出晾凉，即可食用。

好吃贴士

🔸 这道菜操作简单，食材处理起来也很方便，可以选择自己喜欢的蔬菜，建议选择水分较少的蔬菜，口感会更好。

🔸 莲藕、土豆、玉米等蔬菜可以先焯熟，沥干后与易熟的蔬菜一同烤制。

椒盐南瓜

□ 烤箱

🍲 直火烤架

🍖 烤炉

做法

1 板栗南瓜洗净。

2 对半剖开，去子，切成月牙形的片。

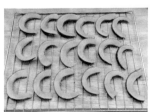

3 烤箱预热200℃，南瓜片放在烤网上。

4 中层，烤30分钟后取出，撒上椒盐即可。

烤箱温度 200℃

烘烤时间 30分钟

食材（3人份）

板栗南瓜	1个
椒盐	1/4 茶匙

主食，
烤着吃更香

发酵时间	45分钟
烤箱温度	210℃

烘烤时间
20分钟

培根比萨

秘制酱料
（比萨酱）

番茄 1 个 洋葱 1/2 个

大蒜 3 瓣 黄油 2 茶匙

盐 1 茶匙

食材（4人份）

中筋面粉	300 克
马苏里拉芝士碎	100 克
玉米粒	50 克
酵母粉	1 茶匙
盐	1 茶匙
橄榄油	2 茶匙
培根	2 片
彩椒	2 个
现磨黑胡椒碎	适量

酱 番茄去蒂洗净，切碎；洋葱去皮洗净，切碎，大蒜去皮洗净，切末；炒锅烧热，加入黄油、洋葱碎、蒜末、番茄碎、盐，大火爆炒 1 分钟后转中火，收汁关火即成比萨酱。

做法

1 180 毫升清水加热至 35℃，放入酵母粉，搅拌均匀。

2 加入中筋面粉、盐、橄榄油，揉匀成面团，盖上保鲜膜，静置 15 分钟。

3 培根沿短边切成宽约 1 厘米的小片；彩椒洗净，切圈，去子。

4 醒发好的面团用擀面杖排气，擀成与比萨盘同等大小的圆饼，卷起边缘。

5 比萨盘刷上一层橄榄油，铺上面饼，用叉子在面饼上扎出小洞。

6 烤箱底部放上一碗开水，比萨放在烤箱中层，关上烤箱门，静置 30 分钟。

7 取出发酵好的比萨底托，涂上比萨酱，铺上培根片、彩椒圈、玉米粒，研磨上适量黑胡椒碎，撒上马苏里拉芝士碎。

8 烤箱预热 210℃，烤盘送入烤箱，中层，烤 20 分钟，至芝士变成淡淡的金黄色即可。

烤馕

做法

1 酵母粉用少许温水化开，加入中筋面粉、盐、110毫升温水、细砂糖、玉米油，揉成光滑的面团，盖上保鲜膜，发酵1小时。

2 醒发好的面团分成3等份，揉成圆形，静置松弛10分钟。

3 面团擀成圆形，放入烤盘，表面刷上清水，撒上花椒粉、孜然粉、白芝麻，略微晾干，用叉子在面饼上扎出小洞。

4 烤箱预热220℃，中层，烤12分钟，取出稍晾凉，按个人口味，可撒上适量辣椒粉。

发酵时间	70 分钟
烤箱温度	220 ℃

烘烤时间 12分钟

食材（3人份）	
中筋面粉	300 克
酵母粉	1/2 茶匙
盐	1/2 茶匙
细砂糖	1 茶匙
玉米油	5 茶匙
孜然粉	1/8 茶匙
花椒粉	1/8 茶匙
辣椒粉	适量
白芝麻	适量

烤箱温度	210℃	烘烤时间 20 分钟

做法

1 鳕鱼洗净，用厨房纸吸干表面水分，切成长方形小块；取一个鸡蛋煎好备用；另一个鸡蛋打散。

2 鳕鱼块先裹满淀粉，再裹一层蛋液，最后裹满面包糠，放在烤盘中。

3 烤箱预热210℃，放入烤盘,中火,烤20分钟。

4 烤好后取出，圆面包切开，在圆面包片底上依次放上罗马生菜、鳕鱼、番茄、芝士片、鸡蛋、酸黄瓜、沙拉酱，最后盖上圆面包片即可。

食材（1人份）

鳕鱼	1 块
圆面包	1 个
番茄	1 个
芝士片	1 片
鸡蛋	2 个
罗马生菜	4 片
酸黄瓜	4 片
沙拉酱	适量
淀粉	适量
面包糠	适量

鳕鱼汉堡
烤箱
空气炸锅

腌制时间	30分钟
烤箱温度	180℃

烘烤时间
20分钟

迷你鱿鱼包饭

烤箱

直火烤架

烤炉

食材（3人份）

火腿肠	1 根
玉米粒	50 克
胡萝卜	1 根
米饭	150 克
鸡蛋	1 个
新鲜鱿鱼	6 条
蚝油	1/8 茶匙
白胡椒粉	1/8 茶匙
料酒	1 汤匙
生抽	2 汤匙
玉米油	3 汤匙
鸡粉	适量
葱末	适量
盐	适量

做法

1 新鲜鱿鱼撕掉表皮上的黑膜，去除鱿鱼的内脏和头部，冲洗干净。

2 加入 1 汤匙生抽、蚝油、料酒，抓拌均匀，腌 30 分钟。

3 火腿肠切丁；胡萝卜洗净去皮，切丁；鸡蛋打散，入油锅炒碎，盛出备用。

4 油锅烧热，倒入米饭、玉米粒、鸡蛋碎、胡萝卜丁、葱末，炒熟后加入盐、白胡椒粉、鸡粉和 1 汤匙生抽，翻炒均匀。

5 炒好的米饭塞入鱿鱼筒中压实，开口处用牙签封住固定。

6 烤箱预热 180℃，烤网刷一层玉米油，放上鱿鱼，中层，烤 20 分钟，取出晾凉后切块。

萨拉米比萨

秘制酱料

比萨酱
（见第 111 页）

食材（3人份）

低筋面粉	20 克
马苏里拉芝士碎	60 克
高筋面粉	130 克
酵母粉	2 克
青椒	2 个
黑橄榄	3 粒
萨拉米香肠	12 片
细砂糖	1/8 茶匙
盐	1/4 茶匙
橄榄油	1 茶匙
芝士粉	1 茶匙
比萨酱	3 汤匙

做法

1 面粉、酵母粉、95 毫升清水、盐、细砂糖倒入碗中揉成雪花状，加入橄榄油，揉成光滑的面团，发酵 1 小时，至原来的 2 倍大。

2 醒发好的面团用擀面杖排气，擀成与比萨盘同等大小的圆饼，比萨盘垫油纸，放上面饼。

3 用叉子在面饼上扎出小洞；青椒洗净，切碎；黑橄榄切片。

4 面饼的边缘刷一层橄榄油，抹上比萨酱。

5 依次放上马苏里拉芝士碎、青椒碎、黑橄榄片，最后铺上萨拉米香肠片。

6 烤箱预热 210℃，烤 15 分钟，取出撒上芝士粉，继续烤 5 分钟。

麻酱烧饼

秘制酱料
（麻酱油酥糊）

纯芝麻酱 50 克　椒盐粉 1 茶匙

中筋面粉 18 克　芝麻油 2 茶匙

细砂糖 1 茶匙　盐 1/5 茶匙

蜂蜜 1 茶匙

食材（2人份）

中筋面粉	250 克
酵母粉	2 克
盐	1/2 茶匙
玉米油	2 茶匙
蜂蜜	1 茶匙
白芝麻	适量

做法

1 酵母粉用少许温水化开，静置 2 分钟；中筋面粉和盐混合，倒入酵母水，最后再分次倒入 140 毫升清水，用筷子搅拌成雪花状。

2 揉至面团呈光滑状，中途加入玉米油，盖上保鲜膜，发酵约 50 分钟，至原来 1 倍大。

3 发酵好的面团分成 10 等份，盖上保鲜膜，继续醒发 5 分钟。

酱 麻酱油酥糊材料与 20 毫升清水混合均匀，搅拌至没有颗粒。

4 案板上撒些面粉防粘，取 1 个小面团搓长，用手按扁，再用擀面杖擀长，均匀地抹上一层麻酱油酥糊。

5 从面皮一端边拉抻边卷起，直至卷完。

6 先把上下两端捏紧，再往中间捏紧，再次盖上保鲜膜，醒发 5 分钟。

7 取一个面团轻轻擀圆，蜂蜜和 20 毫升清水混合成蜂蜜水，刷在面饼表皮，再蘸满白芝麻，依次做好所有面饼。

8 面饼并排放入烤盘，每个面饼之间留有一定空隙，烤箱预热 200℃，中层，烤 20 分钟即可。

秘制酱料
香辣粉

墨西哥烤玉米

🔲 烤箱
🍳 直火烤架
🍲 烤炉

做法

1 玉米洗净，去除玉米须，剥下玉米皮只留最后一层，冷水下锅煮 8 分钟。

2 香菜洗净，切碎。

酱 辣椒粉、盐、黑胡椒粉混合成香辣粉。

3 玉米捞出沥干，晾凉，把玉米皮编成辫子，放在烤网上，烤箱预热210℃，烤10分钟。

4 取出，刷上蛋黄酱，继续烤 5 分钟；取出撒上香辣粉、香菜碎，撒上柠檬汁、芝士碎，并用烹饪火枪将芝士加热熔化。

烤箱温度 **210 ℃**

烘烤时间 **15 分钟**

食材（4 人份）

玉米	4 根
香菜	2 根
柠檬汁	1/8 茶匙
蛋黄酱	3 汤匙
芝士碎	3 汤匙
秘制酱料	
黑胡椒粉	1/8 茶匙
辣椒粉	1/4 茶匙
盐	1/4 茶匙

烤箱温度 200 ℃

烘烤时间 35 分钟

食材（4 人份）

红薯	4 个

做法

1 红薯洗净，用厨房纸擦干表面水分备用。

2 用叉子在红薯上扎出小洞，防止烤制时内外温差过大。

3 烤盘铺锡纸，放入红薯，烤箱预热 200℃，中层，烤 15 分钟。

4 取出，翻面，继续烤 20 分钟，取出稍晾凉后即可食用。

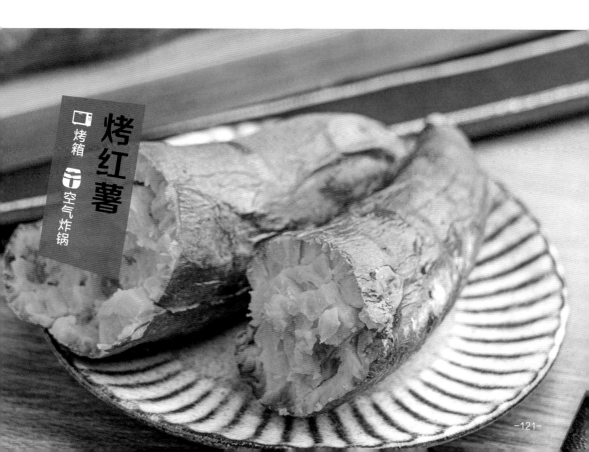

烤红薯

烤箱

空气炸锅

烤箱　烤炉

西班牙海鲜饭

秘制酱料
（藏红花番茄酱）

大蒜 2 瓣　洋葱 1/2 个

欧芹 1 小棵　甜椒 1/2 个

番茄 1/2 个　甜椒粉 1/2 茶匙

藏红花适量　橄榄油适量

食材（2人份）

米饭	300 克
白葡萄酒	20 毫升
高汤	50 毫升
西班牙辣肠	1 根
柠檬	1 个
青豆	1 把
鲜虾	4 只
笔管鱼	4 条
贻贝	6 个
蛏子	6 个
扇贝	6 个
盐	1/4 茶匙
黑胡椒碎	1/8 茶匙
橄榄油	适量

做法

1 欧芹洗净，切碎；甜椒、洋葱、番茄洗净，切丁；西班牙辣肠切片；青豆焯熟。

2 蛏子洗净，放入淡盐水，待其吐出泥沙后，在背部划一刀，去除里面多余的水分。

3 扇贝取出扇贝肉，洗净；笔管鱼去掉内脏和软骨，撕去表面的黑膜，洗净，切圈；贻贝洗净；鲜虾去除虾线，洗净。

4 海鲜类食材倒入沸水锅，汆熟，盛出，沥干水分。

5 油锅烧热，倒入西班牙辣肠片，炒至焦黄色盛出；柠檬洗净，切碎。

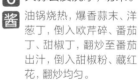

6 大蒜去皮洗净，切末。

酱 油锅烧热，爆香蒜末、洋葱丁，倒入欧芹碎、番茄丁、甜椒丁，翻炒至番茄出汁，倒入甜椒粉、藏红花，翻炒均匀。

7 白葡萄酒、高汤倒入锅中，加入西班牙辣肠片、米饭、海鲜类食材，撒上盐、黑胡椒碎、青豆。

8 烤箱预热 200℃，中层，烤 15 分钟，烤好后撒上欧芹碎、柠檬碎即可。

秘制酱料
蛋黄味噌酱

日式味噌饭团

🔲 烤箱
🍳 直火烤架
🍲 烤炉

做法

1 鸡蛋滤出蛋黄倒入碗中。
酱 日式酱油、味淋、味噌、细砂糖、蛋黄混合成蛋黄味噌酱。

2 白芝麻倒入锅中，用小火炒熟。向白米饭里加入炒好的白芝麻，再倒入寿司醋，翻拌均匀。

3 三角饭团模具内抹少许清水防粘，放入米饭，压实，做成三角形后取出，在饭团两面刷上蛋黄味噌酱。

4 烤箱预热200℃，中层，烤8分钟，其间取出翻面，直至两面微微呈焦黄色，烤好后取出，撒上海苔碎即可。

烤箱温度	200℃

烘烤时间 **8分钟**

食材（4人份）

米饭	350克
海苔碎	1/8 茶匙
寿司醋	1/8 茶匙
白芝麻	1/2 汤匙

秘制酱料

鸡蛋	1个
日式酱油	1/2 汤匙
味淋	1/2 汤匙
细砂糖	1/2 茶匙
味噌	1茶匙

孩子喜爱的
零食和甜点

| 腌制时间 | 15分钟 |
| 烤箱温度 | 180℃ |

烘烤时间 15 分钟

土豆虾球

🔲 烤箱

🍱 空气炸锅

食材（2人份）

鲜虾	5 只
土豆	1 个
面包糠	50 克
淀粉	30 克
大葱	1/4 根
姜	2 片
鸡蛋	1 个
盐	1/8 茶匙
白胡椒粉	1/4 茶匙
生抽	1 汤匙
料酒	2 汤匙

做法

1 鲜虾在背上剖开一刀，去除虾线，剪去虾须，洗净；大葱洗净，切片；鸡蛋打散。

2 处理好的鲜虾放在碗中，倒入姜片、葱片，加入生抽、料酒、1/8 茶匙白胡椒粉，抓拌均匀，腌 15 分钟。

3 蒸锅加水烧开，放入土豆，蒸熟后取出去皮，放在碗中，加入盐、1/8 茶匙白胡椒粉，捣成泥。

4 鲜虾去头，取适量土豆泥将虾包起来，捏成球状，并露出虾尾。

5 虾球先裹上一层淀粉，再蘸满蛋液，最后裹上面包糠。

6 烤箱预热 180℃，虾球放在烤盘上，中层，上下火，烤 15 分钟。

焗烤土豆泥

食材（2人份）

土豆	3 个
黄油	30 克
淡奶油	80 克
熟青豆	80 克
马苏里拉芝士碎	80 克
培根	4 片
盐	1 茶匙
现磨黑胡椒碎	适量

做法

1 土豆洗净、去皮、切块，放入锅中，加入没过土豆的清水，大火烧开后转小火，煮至用筷子可轻易插透的状态。

2 土豆捞出沥干，趁热压成泥，加入盐、现磨黑胡椒碎、黄油，搅拌至黄油完全熔化吸收。

3 淡奶油用小火加热至50℃，缓缓倒入土豆泥中，边倒边搅拌，直全细腻均匀。

4 培根切成宽约1厘米的小块；熟青豆、培根块倒入土豆泥中，搅拌均匀。

5 拌好的土豆泥装入烤碗中，撒上马苏里拉芝士碎。

6 烤箱预热220℃，放入烤碗，中层，烤20分钟，至表面的芝士完全熔化变成金黄色。

原味蛋挞

食材（3人份）

冷冻蛋挞皮	8~10 个
鸡蛋	2 个
牛奶	50 毫升
淡奶油	100 克
炼乳	1 茶匙
细砂糖	2 汤匙

做法

1️⃣ 蛋挞皮提前取出，解冻；蛋黄从蛋清中分离出来。

2️⃣ 锅中加入牛奶、淡奶油、细砂糖、炼乳；一边小火加热，一边用手动打蛋器轻柔地贴底搅拌，至细砂糖完全化开。

3️⃣ 奶液晾凉，倒入蛋黄，用手动打蛋器轻柔地贴底搅拌，至蛋黄和奶液完全融合。

4️⃣ 烤盘铺锡纸，放上解冻好的蛋挞皮，将蛋奶液倒入蛋挞皮，不要超过八成满。

5️⃣ 烤箱预热 220℃，将装有蛋挞的烤盘送入烤箱中层，烤 20 分钟，至蛋挞表皮轻微有褐色小点即可。

新奥尔良黄金锤

🔲 烤箱　🍴 空气炸锅

做法

1 用刀在鸡翅根顶部切开，将肉从顶部顺着骨头推到鸡翅根底部，鸡肉下翻成球状。

2 新奥尔良烤翅腌料放在碗中，倒入1汤匙清水调匀，放入处理好的鸡翅根，抓拌均匀，腌2小时。

3 鸡蛋打散；腌好的鸡翅根先裹一层玉米淀粉，再裹一层蛋液，最后裹上一层面包糠。

4 依次处理完所有鸡翅根，放在烤网上，烤箱预热210℃，中层烤20分钟即可。

腌制时间	2 小时
烤箱温度	210 ℃

烘烤时间 20 分钟

食材（4人份）

鸡翅根	8 只
鸡蛋	1 个
新奥尔良烤翅腌料	20 克
玉米淀粉	30 克
面包糠	45 克

腌制时间	2 小时
烤箱温度	210℃

烘烤时间 10 分钟

食材（4 人份）

鸡腿	5 只
鸡蛋	1 个
面粉	30 克
面包糠	60 克
盐	1/4 茶匙
白胡椒粉	1/4 茶匙
生抽	1 汤匙
蒜蓉甜辣酱	2 汤匙
料酒	1 汤匙
玉米油	适量

做法

1 鸡腿洗净，沿着骨头竖着划一刀，将肉从骨头上剥离下来。

2 鸡肉切成小块，放在碗中，倒入生抽、盐、白胡椒粉、料酒，抓拌均匀，腌 2 小时。

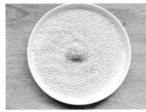

3 鸡蛋打散；鸡肉块上先裹上一层面粉，再裹上一层蛋液，最后裹上一层面包糠。

4 烤网上刷一层玉米油，放上鸡米花，烤箱预热 210℃，中层，烤 10 分钟，食用时可搭配蒜蓉甜辣酱。

烤箱 空气炸锅

鸡米花

秘制酱料
蒜蓉甜辣酱
（见第67页）

秘制酱料
酸甜酱

酸甜鱼丸

做法

1 鱼丸提前解冻。

2 番茄酱和泰式甜辣酱混合成酸甜酱备用。

3 红椒、黄椒洗净，去子，切小方块，与鱼丸依次串在竹签上。

4 鱼丸串放在烤网上，烤箱预热210℃，中层，烤12分钟，取出后淋上酸甜酱即可。

烤箱温度 | 210℃

烘烤时间 12分钟

食材（2人份）	
鱼丸	10个
红椒	1个
黄椒	1个
秘制酱料	
泰式甜辣酱	1汤匙
番茄酱	2汤匙

腌制时间	20 分钟
烤箱温度	160 ℃

烘烤时间
20 分钟

食材（3 人份）

鹌鹑蛋	18~20 个
香叶	1 片
八角	2 粒
花椒	18 粒
海盐	160 克
盐	适量

做法

1 鹌鹑蛋洗净，放入盐水中浸泡 20 分钟。

2 捞出浸泡好的鹌鹑蛋，用厨房纸擦干表面水分。

3 锅烧热，倒入海盐、八角、香叶、花椒，翻炒出香味，至海盐汃黄，盛出放入烤碗，铺平。

4 鹌鹑蛋放入烤碗，埋入海盐中，烤箱预热 160 ℃，中层，烤 20 分钟即可。

盐焗鹌鹑蛋

烤箱温度 **200℃**

烘烤时间 **18分钟**

苏格兰蛋

烤箱

空气炸锅

食材（2人份）	
面粉	25 克
面包糠	50 克
猪肉末	200 克
鸡蛋	1 个
鹌鹑蛋	8~10 个
姜	5 片
大葱	1 根
芝麻油	1/8 茶匙
白胡椒粉	1/8 茶匙
生抽	1/2 汤匙
蚝油	1/2 茶匙
料酒	1/2 汤匙
淀粉	1/2 茶匙
玉米油	1/2 茶匙
盐	1 茶匙

做法

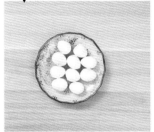

1 姜片、大葱洗净，切末；鸡蛋打散；鹌鹑蛋煮熟，过凉水，剥壳。

2 猪肉末放在碗中，加入姜末、葱末、盐、生抽、蚝油、料酒、淀粉、芝麻油、白胡椒粉，顺着一个方向搅拌至黏稠。

3 油锅烧热，倒入面包糠，小火炒至金黄色。

4 肉馅分成等大的 8 份，鹌鹑蛋上先裹一层面粉，再用肉馅包住鹌鹑蛋。

5 做好的鹌鹑蛋肉丸蘸一层面粉，轻轻握紧捏实，再裹上一层蛋液，最后裹上面包糠。

6 烤盘铺锡纸，放上鹌鹑蛋肉丸，烤箱预热200℃，中层，烤 18 分钟即可。

烤箱温度 180 ℃

烘烤时间 45 分钟

柠檬蔓越莓蛋糕

食材（3人份）

低筋面粉	150克
黄油	150克
细砂糖	85克
蔓越莓干	40克
鸡蛋	2个
柠檬	1个
泡打粉	2克
细砂糖	4茶匙

做法

1 柠檬洗净，用刨子擦一些柠檬皮，切碎，放入碗中，倒入少许细砂糖，搅拌均匀。

2 黄油切小块，放在室温下软化，分3次加入细砂糖，打至黄油变白，体积变大。

3 鸡蛋打散，分5~10次加入黄油中，打发黄油，每次待黄油与蛋液混合完全后再继续加入。

4 加入柠檬皮碎、泡打粉，搅拌均匀，倒入过筛的低筋面粉，用刮刀翻拌均匀。

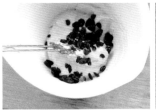

5 倒入略泡过汁的蔓越莓干、挤入柠檬汁，再次搅拌均匀。

6 模具内抹一层软化黄油，倒入蛋糕糊，抹匀，使中间低两端稍高。

7 烤箱预热180℃，上下火，中下层，烤45分钟，表面上色后加盖锡纸。

8 锅中加35毫升清水，倒入细砂糖，煮至水沸腾、细砂糖溶化即成糖浆液，趁热刷在磅蛋糕上。

苹果磅蛋糕

食材（3人份）	
泡打粉	2克
芝士粉	25克
低筋面粉	85克
黄油	80克
牛奶	30毫升
苹果	1个
鸡蛋	1个
柠檬	1/2个
盐	1克
细砂糖	2汤匙

做法

1 黄油切小块，放在室温下软化，加入细砂糖，打至黄油变白，体积变大；柠檬洗净，用刨子擦一些柠檬皮，切碎。

2 鸡蛋打散，分6次加入黄油中，打发黄油，每次待黄油与蛋液完全混合后再继续加入蛋液。

3 倒入过筛的低筋面粉、盐、泡打粉、20克芝士粉，用刮刀翻拌均匀。

4 加入1汤匙柠檬皮碎、牛奶，用刮刀翻拌均匀。

5 蛋糕糊倒入6寸模具中，苹果去皮去核，分成4块，再分别切成薄片，摆放在蛋糕糊中，最后撒上5克芝士粉。

6 烤箱预热180℃，上下火，中下层，烤40分钟即可。

青柠芝士蛋糕

食材（3人份）	
蛋糕体	
低筋面粉	80 克
鸡蛋	1 个
泡打粉	3 克
细砂糖	35 克
黄油	35 克
淡奶油	35 克
青柠檬皮碎	适量
青柠芝士霜	
鸡蛋	1 个
糖粉	15 克
黄油	40 克
青柠檬汁	8 克
奶油芝士	90 克

做法

1 鸡蛋打入盆中，加入细砂糖，用手动打蛋器搅拌至细砂糖溶化；黄油和淡奶油放入碗中，隔水加热至黄油熔化，晾凉至室温；蛋液倒入黄油淡奶油混合液里，搅拌均匀。

2 低筋面粉和泡打粉混合后过筛，倒入蛋糊中，再加入青柠檬皮碎，搅拌均匀；模具中放入纸杯模具，倒入面糊，轻磕以去除大气泡；烤箱预热180℃，中层，烤20分钟，取出晾凉。

3 制作青柠芝士霜：鸡蛋打入盆中，放入黄油、奶油芝士，搅拌均匀，室温下软化，用打蛋器搅拌至蓬松，加入糖粉、青柠檬汁，继续打发至可以裱花。

4 芝士霜装入裱花袋中，用裱花嘴挤在晾凉的蛋糕上，最后撒上少许青柠檬皮碎作装饰即可。

好吃贴士

🔹这款芝士蛋糕主要是通过打发黄油和加入泡打粉来使蛋糕体膨胀，所以不能将黄油替换成植物油，或者省略泡打粉。

发酵时间	2小时
烤箱温度	180℃

烘烤时间 20分钟

无花果派

秘制酱料
（卡仕达酱）

牛奶 240 毫升　香草糖 40 克

蛋黄 3 个　低筋面粉 12 克

玉米淀粉 10 克

糖渍黑布林派

食材（4人份）	
细砂糖	40克
蛋黄	10克
低筋面粉	145克
黄油	50克
无花果派	
无花果	4个
黑布林派	
黑布林	3个
细砂糖	15克

做法

1 做派皮：蛋黄、35毫升清水、细砂糖混合均匀；黄油软化后，用刮刀翻拌均匀，加入过筛的低筋面粉、蛋黄液，用刮刀拌匀，揉成光滑的面团，放入冰箱，冷藏2小时以上。

2 从冰箱取出派皮，室温下软化，分割成2个面团，分别擀成边长20厘米左右的正方形。

酱 蛋黄里加入一半香草糖，搅拌均匀，玉米淀粉和低筋面粉混合，筛入搅拌好的蛋黄中，搅拌均匀；牛奶加入剩余香草糖，煮至沸腾，倒入蛋黄糊，一边倒一边搅拌，过滤后加热，用刮刀不断翻拌，直到蛋奶糊变浓稠后关火，放凉，放入冰箱备用。

3 把派皮盖在模具上，用手把派皮贴在模具里，并按压紧实，以防脱落；用擀面杖在模具上压实，去除多余的边角，并用叉子在派皮上扎小孔。

4 铺上提前裁好的油纸，并放上有些重量的食材（可用陶瓷圆豆或豆子），烤箱预热180℃，烤20分钟左右。

5 无花果派
将取出烤好的派皮放凉，卡仕达酱装入裱花袋，在派皮上一圈一圈地挤出，抹平，最后用切块的无花果装饰即可。

6 糖渍黑布林派
黑布林切成片，和细砂糖混合搅拌，小火熬制至颜色变成红色；取出烤好的派皮，放凉，将卡仕达酱在派底上一圈一圈地挤出，抹平，放上糖渍黑布林即可。

岩烧乳酪

做法

1 黄油、芝士片放入碗中，加入细砂糖，隔水加热熔化，搅拌均匀，关火。

2 碗中倒入牛奶、淡奶油、蜂蜜，搅拌均匀，晾凉成浓稠状的芝士糊。

3 吐司片放在烤盘中，将芝士糊均匀地涂抹在吐司片上，并撒上杏仁片。

4 烤箱预热，上火 180℃，下火 170℃，中层，烤15 分钟。

 烤箱温度 上火 180℃ / 下火 170℃

 烘烤时间 15 分钟

食材（3 人份）	
吐司	6 片
芝士片	3 片
牛奶	310 毫升
蜂蜜	10 克
细砂糖	15 克
杏仁片	20 克
淡奶油	45 克
黄油	50 克

无烤箱
玩转花式烧烤

烤炉

金针菇肥牛卷

做法

1 金针菇洗净，去除根部，撕成 6 等份。

2 依次用肥牛片将金针菇卷起来。

3 烤炉加热，约 200℃，放上金针菇肥牛卷。

4 烤至两面金黄色，刷一层烧烤酱，最后撒上孜然粉即可。

烤制温度	200℃

烘烤时间 10 分钟

食材（2 人份）

肥牛片	120 克
金针菇	250 克
孜然粉	1/8 茶匙
烧烤酱	3 汤匙

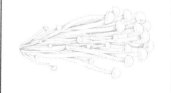

烤制温度	200 ℃	烘烤时间 10 分钟

食材（3 人份）

老豆腐	1 块
小葱	2 根
白芝麻	1/8 茶匙
玉米油	2 汤匙
盐	适量

秘制酱料

蚝油	1/4 茶匙
细砂糖	1/4 茶匙
孜然粉	1/4 茶匙
蒜蓉酱	1 汤匙
甜面酱	2 汤匙

做法

1 老豆腐切成大小相等、薄厚均匀的块；小葱洗净，切碎。

2 豆腐块放在淡盐水里浸泡 5 分钟，捞出沥干。

酱 甜面酱、蒜蓉酱、蚝油、细砂糖、孜然粉混合均匀即成蒜蓉孜然酱。

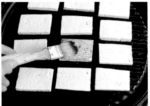

3 烤炉加热，约 200℃，刷一层玉米油，放上豆腐块，两面各刷一层蒜蓉孜然酱。

4 豆腐块烤至两面焦脆，撒上白芝麻、葱末即可。

烤炉

酱烤豆腐

秘制酱料
蒜蓉孜然酱

| 腌制时间 | 30 分钟 |
| 烤制温度 | 180℃ 转 200℃ |

烤制时间
15 分钟

爆浆芝心猪排

空气炸锅

食材（2人份）	
猪里脊肉	250 克
面粉	20 克
面包糠	30 克
鸡蛋	1 个
培根	1 片
车打芝士	1 片
姜	3 片
黑胡椒粉	1/8 茶匙
盐	1/4 茶匙
玉米油	1 茶匙
生抽	1 汤匙
料酒	1 汤匙

做法

1 鸡蛋打散；油锅烧热，倒入面包糠，翻炒至金黄色，盛出备用。

2 猪里脊洗净沥干，用肉锤敲打至松软，放在碗中，倒入姜片、生抽、料酒、黑胡椒粉、盐，抓拌均匀，放入冰箱冷藏 30 分钟。

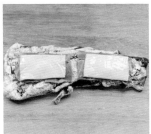

3 猪里脊肉裹上一层面粉，放上对半切开的培根和车打芝士片，卷起后裹满蛋液。

4 表面沾满面包糠，放入空气炸锅的炸篮，180℃烤 10 分钟，再转200℃烤 5 分钟。

好吃贴士

◊ 煎、烤、炸的方式，都可以完成这道菜，选择用空气炸锅做，既方便又减脂。

◊ 猪里脊肉是猪肉肋排中间最嫩的一块肉，也是做肉卷的上佳选择，吃起来的口感软嫩多汁。

◊ 加入芝士，口感会十分浓郁，再加入黑胡椒粉后，连不喜欢偏甜口感的人也会喜欢这种微微香甜的搭配。

食材（2人份）

培根	3 片半
香肠	7 根
烤肉酱	2 汤匙
色拉油	适量

做法

1 培根一分为二，香肠两端切十字花刀，注意不要将香肠中间部分切断。

2 取一半培根，放上一根香肠，卷起来，用牙签穿过中间固定好，牙签提前用水洗净并且浸湿，防止烤制时温度过高而焦煳。

3 烤炉预热，约 200℃，刷一层色拉油，放上培根香肠卷。

4 培根香肠卷的两面均匀地刷上一层烤肉酱，200℃烤 10 分钟，烤至两面呈焦黄色即可。

好吃贴士

🔸 牙签可以先用冷水洗净后浸泡 3 分钟，防止烤制温度过高，牙签被烤焦。

🔸 培根的厚度和大小不同，所以上文中给的烤制时间仅供参考，可按实际情况调整，注意别烤得太干，因为培根本身就有咸味，所以用烤肉酱调味即可。

🔸 除了香肠，也可以用培根片卷圣女果、芦笋、金针菇等果蔬，别有一番风味。

腌制时间	2小时
烤制温度	200℃

烘烤时间
15 分钟

烤炉

黑椒柠汁鸡扒

秘制酱料
（黑胡椒酱）

洋葱 1/2 个　番茄 1/2 个

大蒜 2 瓣　黄油 12 克

黑胡椒碎 1/2 茶匙　淡奶油 20 克

细砂糖 1/8 茶匙　盐 1/8 茶匙

生抽 1/2 汤匙

食材（3人份）

鸡大腿	2 只
柠檬	1 个
洋葱	1/4 个
黑胡椒粉	1/8 茶匙
盐	1/4 茶匙
橄榄油	1 汤匙

做法

1 在鸡腿下端划一刀，切断相连的肉和筋，沿着鸡腿切开，剔除中间的骨头；1/4 个洋葱洗净，切丝；柠檬洗净，对半切开；大蒜去皮洗净；番茄、1/2 个洋葱洗净。

2 用叉子将鸡腿肉扎透，用刀背拍打，使其薄厚均匀。

酱 洋葱、番茄、大蒜倒入料理机，搅打成酱料；热锅熔化黄油，倒入酱料、生抽、黑胡椒碎，搅拌煮开后转小火，待浓稠时倒入淡奶油、细砂糖、盐即可。

3 洋葱丝、黑胡椒粉、盐放入装有鸡腿肉的碗中。柠檬半个挤汁，另一半切小块后放入碗中，搅拌均匀，腌2小时。

4 烤炉加热，约200℃刷一层橄榄油，放上鸡腿肉，烤15分钟，烤至两面金黄，食用时可搭配酸甜辣酱即可。

好吃贴士

🌢 腌制之后，也可以再裹一层燕麦片或者面包糠，刷一层油烤制，口感更酥脆多汁。

🌢 一定要用叉子扎出小洞，再用勺子拍打，尽量让各部分的鸡肉厚度均匀，这样烤出来的鸡肉不会出现有的地方烤焦，有的地方却还没熟透的情况。

烤炉

麻辣牛肚

做法

1 熟牛肚洗净，切成宽约
0.6厘米的长条。

2 用竹签依次把牛肚条串
起来，一般情况下，一
根竹签串1或2条牛
肚为宜。

烤制温度 **200℃**

烘烤时间 **10分钟**

食材（3人份）

熟牛肚	200克
玉米油	1汤匙
万能烧烤料（见第8页）	
	1汤匙半

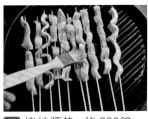

3 烤炉预热，约200℃，
刷一层玉米油，放上牛
肚串，再刷一层玉米油。

4 勤翻面，并撒上万能烧
烤料，牛肚烤至呈焦黄
色即可。

腌制时间	1 小时
烤制温度	200 ℃

烘烤时间
4 分钟

食材（3 人份）

鸭胗	200 克
盐	1/8 茶匙
白芝麻	1/8 茶匙
辣椒粉	1/2 茶匙
玉米油	1 茶匙
料酒	1 汤匙
生抽	1 汤匙
万能烧烤料（见第 8 页）	1 茶匙

做法

1 鸭胗洗净切片，切的时候要注意角度，将筋膜切断，放在盘子里备用。

2 放入盐、料酒、生抽、辣椒粉、万能烧烤料，搅拌均匀，腌 1 小时。

3 用烧烤针串起鸭胗，每片鸭胗间留一定空隙，烤炉刷一层玉米油防粘，放上鸭胗串。

4 烤炉预热，约 200 ℃，一面烤 2 分半钟，翻面，再烤 2 分半钟，最后撒上辣椒粉、白芝麻即可。

烤炉

烤鸭胗

烤牛板筋

做法

1 牛板筋洗净；大葱洗净，切段；锅中加入适量清水，倒入牛板筋、葱段、姜片、料酒，大火烧开，转中小火煮1小时。

2 牛板筋煮熟后捞出沥干，切块，放在盘子中，加入盐、生抽、白胡椒粉拌匀，腌30分钟。

3 用竹签串起，烤炉预热200℃，刷一层玉米油，放上牛板筋串，再刷一层玉米油。

4 勤翻面，时不时撒上些万能烧烤料，根据需要可适量刷些玉米油，烤10分钟，至牛板筋呈焦黄色即可。

腌制时间	30分钟
烤制温度	200℃

烘烤时间 10分钟

食材（3人份）

牛板筋	300克
大葱	1/4根
姜	3片
白胡椒粉	1/8茶匙
玉米油	1/4茶匙
盐	1茶匙
生抽	1/2汤匙
料酒	2汤匙
万能烧烤料（见第8页）	
	1/2茶匙

腌制时间	2 小时
烤制温度	200 ℃

烘烤时间
15 分钟

食材（3 人份）

羊后腿肉	500 克
白胡椒粉	1/4 茶匙
玉米油	1 汤匙
生抽	1 汤匙
蒜蓉孜然酱	2 汤匙
料酒	3 汤匙

做法

1 羊后腿肉洗净，用厨房纸擦干表面水分，切小方块。

2 加入半汤匙玉米油、生抽、料酒、白胡椒粉，腌2 小时。

3 用竹签把羊肉串起来。

4 烤炉加热，约 200 ℃，刷一层玉米油，放上羊肉串，勤翻面，再刷一层油，约 15 分钟，烤熟后刷上蒜蓉孜然酱。

秘制酱料

蒜蓉孜然酱
（见第149页）

烧烤 孜然羊肉串

蒜瓣羊肉

烤炉

做法

1 羊后腿肉洗净；大蒜去皮，洗净。

2 羊肉切小方块，放在碗中，加入盐、料酒、白胡椒粉，搅拌均匀，腌2小时。

3 用竹签把羊肉块与大蒜瓣依次串起来。

4 烤炉加热，约200℃，刷一层玉米油，放上蒜瓣肉，再刷一层玉米油，勤翻面，撒上万能烧烤料，烤15分钟左右。

| 腌制时间 | 2 小时 |
| 烤制温度 | 200 ℃ |

烘烤时间
15 分钟

食材（2人份）	
羊后腿肉	250 克
大蒜	24 瓣
盐	1/8 茶匙
白胡椒粉	1/8 茶匙
玉米油	1 汤匙
料酒	2 汤匙
万能烧烤料（见第 8 页）	
	2 汤匙

腌制时间	1 小时
烤制温度	200 ℃

烘烤时间
5 分钟

食材（3 人份）

卷饼	3 张
圣女果	4 个
生菜	30 克
肥牛卷	150 克
盐	1/8 茶匙
黑胡椒粉	1/8 茶匙
玉米油	1 茶匙
料酒	1 汤匙
千岛酱	1 汤匙

做法

1 圣女果洗净，切片；生菜洗净；肥牛卷用盐、料酒、黑胡椒粉腌 1 小时。

2 烤炉加热，约 200℃，放上卷饼，加热 2 分钟。

3 烤炉刷一层玉米油，放上肥牛卷，约 200℃，烤约 3 分钟，至牛肉完全变色。

4 卷饼上放上生菜、圣女果片，挤上千岛酱，再放上肥牛卷，卷起即可。

烤炉

牛肉卷

做法

1 年糕片洗净，用厨房纸擦干表面水分，放在盘子上。

2 直火烤架放在燃气灶上，小火，放上年糕。

烤制温度	200℃

烘烤时间
5分钟

3 烤至年糕鼓起来，呈金黄色。

4 刚烤好的年糕会有拉丝的效果，可以搭配海苔和日式酱油食用。

食材（2人份）	
年糕	4 块
海苔	4 片
日式酱油	1 汤匙

烤制温度 | 200 ℃

烘烤时间 7分钟

食材（3人份）

全麦馒头	2个
玉米油	1汤匙
万能烧烤料（见第8页）	
	1汤匙

做法

1 每个馒头均匀切成3片，共6片馒头片。

2 烤炉加热，约200℃，摆放上馒头片。

3 馒头片两面各刷上一层玉米油，撒上万能烧烤料。

4 烤至两面呈金黄色即可。

烤炉 全麦馒头片

烤制温度 **200** ℃

烘烤时间
10 分钟

烤炉 **烤冷面**

秘制酱料

蒜蓉甜辣酱
（见第67页）

食材（2人份）

冷面	2张
鸡蛋	2个
火腿肠	2根
香菜	5根
辣椒油	1/4 茶匙
孜然粉	1/2 茶匙
蒜蓉甜辣酱	1 汤匙
甜面酱	1 汤匙
白醋	1/2 茶匙
玉米油	2 汤匙
白芝麻	适量

做法

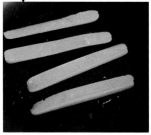

1 蒜蓉甜辣酱、甜面酱、1 汤匙清水混合均匀成酱料；火腿肠从中间竖着对半切开，油锅烧热，放入火腿肠，煎至呈焦黄色后盛出。

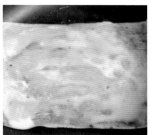

2 香菜洗净，切碎；另起油锅，放入 1 张冷面，小火加热，刷一层酱料，冷面稍软时，打入 1 个鸡蛋，用筷子划散抹匀。

3 待鸡蛋稍微凝固，用锅铲翻面，抹上少许清水在冷面上，刷一层酱料。

4 撒上白芝麻、孜然粉、辣椒油、白醋，小火继续加热，放入煎好的火腿肠。卷起面片，切块。以同样方法制作另 1 张冷面，食用时可以根据个人口味撒上香菜碎。

好吃贴士

🔥 做出好吃的烤冷面关键在于做好酱汁，酱汁没有固定的搭配，根据自己的口味选择搭配就好，喜欢吃软一些的可以稍微延长烤制时间。

秘制酱料
蒜香汁

烤炉

蒜香法棍

做法

1 大蒜去皮洗净，切末。

酱 小葱洗净，切末；蒜末、葱末、橄榄油混合均匀即成蒜香汁。

2 法棍斜切成厚片，涂抹上蒜香汁。

烤制温度	200℃

烘烤时间
8分钟

3 烤炉加热，约200℃，法棍放在烤网上。

4 烤至两面呈金黄色，约8分钟。

食材（4人份）

法棍	1根

秘制酱料

大蒜	5瓣
小葱	5根
橄榄油	2汤匙

腌制时间	1 小时
烤炉温度	200℃

烘烤时间
10 分钟

食材（3 人份）

鱿鱼	5 条
白胡椒粉	1/8 茶匙
孜然粒	1/8 茶匙
孜然粉	1/8 茶匙
辣椒粉	1/4 茶匙
料酒	1 汤匙半
万能烧烤料（见第 8 页）	
	3 汤匙

做法

1 鱿鱼洗净，去除内脏，撕掉鱿鱼身上黑色的膜（可先放在醋中泡 3 分钟，更易去除黑膜），放在碗中。

2 倒入万能烧烤料、料酒、白胡椒粉，抓拌均匀，腌 1 小时。

3 腌好的鱿鱼划出刀口，串在竹签上。

4 烤炉加热，约 200℃，放上鱿鱼串，时不时刷些剩余的腌料，约 10 分钟，烤至鱿鱼焦黄，撒上孜然粒、孜然粉、辣椒粉。

烤炉

香辣鱿鱼串

烤炉

藿香泡椒烤鲫鱼

秘制酱料

藿香混合料

腌制时间 1小时

烤箱温度 200℃

烘烤时间 12分钟

做法

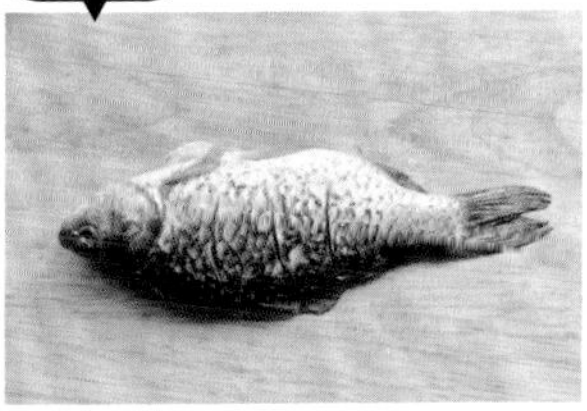

1 鲫鱼去鳞去鳃去内脏和黑膜，冲洗干净，用刀在鱼身两侧斜切几道。

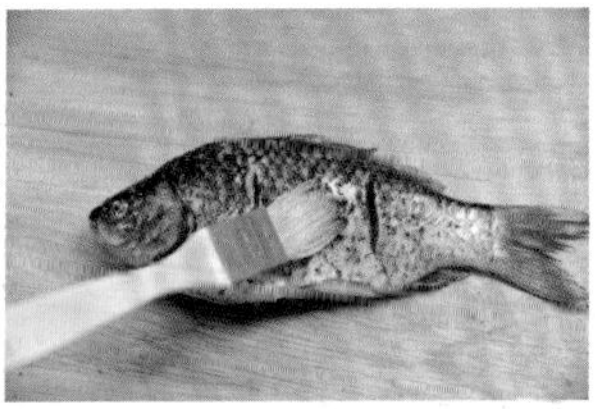

2 将藿香混合料填入鱼肚，压实，并在鱼身两侧刷上色拉油。

酱 泡姜、泡椒、藿香切碎，与色拉油、细砂糖混合成藿香混合料。

3 处理好的鲫鱼放在盘子中，倒入泡姜、料酒和少许盐，腌1小时。

4 烤炉加热，约200℃，放上鲫鱼，烤10分钟，每2分钟翻一次面，烤至两面呈金黄色，撒上盐、辣椒粉、孜然粉、花椒粉，继续烤2分钟即可。

食材（4人份）

鲫鱼	2条
泡姜	1/2块
辣椒粉	1/4茶匙
孜然粉	1/4茶匙
花椒粉	1/4茶匙
盐	1/2茶匙
料酒	1汤匙

秘制酱料

泡姜	1/2块
泡椒	3块
藿香	15片
细砂糖	1/4茶匙
色拉油	1/4茶匙

烤箱菜伴侣，
饮料和沙拉

制作时间
15 分钟

西米露奶茶

食材（1 人份）	
牛奶	250 毫升
红茶	1/2 茶匙
细砂糖	2 茶匙
西米	4 茶匙

做法

1 锅中加水煮开，倒入西米，煮 5 分钟后关火，闷 5 分钟。

2 小火继续煮至西米变透明，关火，捞出过冷水。

3 牛奶倒入锅中，小火煮开，放入红茶，煮 3 分钟，过滤掉茶叶，倒入细砂糖、西米，搅拌均匀即可。

食材（1 人份）	
椰浆	250 毫升
红西柚	1 个
杧果	3 个
西米	2 汤匙
细砂糖	4 茶匙
薄荷叶	1 片

做法

1 杧果、红西柚洗净取出果肉，杧果丁（2 个的量）、椰浆、细砂糖放入破壁机，打碎后放入冰箱冷藏。

2 锅中加水煮开，倒入西米，煮 5 分钟后关火，闷 5 分钟，小火继续煮至西米变透明，关火，捞出过冷水。

3 杧果椰浆和西米混合均匀，放入杧果丁（1 个的量）、红西柚丁，点缀上薄荷叶即可。

杨枝甘露

制作时间
15 分钟

石榴苏打水

食材（1 人份）	
石榴	1 个
苏打水	50 毫升
冰块	适量

做法

1 石榴剥开取子，倒入破壁机，加入苏打水，搅打成果汁。

2 果汁倒入杯中，加入冰块即可。

食材（1 人份）	
青柠檬	1 个
雪碧	500 毫升
薄荷叶	5 片
冰块	适量

做法

1 青柠檬用盐洗净，切片，倒入杯中。

2 加入雪碧、冰块，搅拌均匀，放上薄荷叶即可。

青柠薄荷水

制作时间
5 分钟

黄瓜雪梨汁

食材（1人份）

雪梨	1个
小黄瓜	2根
苏打水	100毫升

做法

1 小黄瓜、雪梨洗净去皮，切块。

2 倒入破壁机，加入苏打水，搅打成果汁即可。

食材（1人份）

百香果	1个
青橘	3个
苏打水	250毫升
蜂蜜	1茶匙
冰块	适量
盐	适量

百香果青橘饮

做法

1 百香果洗净切开，挖出果肉；青橘用盐洗净，对半切开，去子。

2 百香果肉和青橘倒入杯中，加入苏打水、蜂蜜，搅拌均匀，最后加入冰块即可。

星空气泡水

食材（1人份）	
蝶豆花	10 朵
青柠檬	1 个
开水	100 毫升
蜂蜜	1 汤匙
冰块	适量
盐	少许

做法

1 青柠檬用盐洗净，对半切开，切一片柠檬备用，其余的挤出柠檬汁与蜂蜜混合均匀备用。

2 蝶豆花开水泡开，晾凉，将蝶豆花茶水倒入杯中，加冰块至满杯。

3 沿着杯壁缓缓的倒入柠檬汁，观察杯中液体呈现紫色，放上柠檬片作装饰。

食材（1人份）	
樱桃	10 粒
苏打水	200 毫升
蜂蜜	1 茶匙
冰块	适量

做法

1 樱桃放入破壁机中榨取出汁，倒入杯中。

2 杯中加入苏打水、蜂蜜，搅拌均匀，加入冰块即可。

樱桃苏打水

冷藏温度 0~5 ℃

冷藏时间 30 分钟

抹茶蜜豆布丁

食材（2人份）	
淡奶油	100 毫升
牛奶	200 毫升
抹茶粉	6 克
吉利丁片	6 克
蜜豆	30 克
细砂糖	35 克
奶油芝士	150 克

做法

1 奶油芝士提前从冰箱取出，室温下软化；将软化好的奶油芝士放入打蛋盆中，用打蛋器搅打成顺滑的芝士糊，备用。

2 吉利丁片在清水中泡软，备用。

3 将牛奶和淡奶油放入奶锅中混合，加入细砂糖，小火加热，搅拌至细砂糖溶化，关火。

4 将抹茶粉筛入牛奶液中，搅拌成均匀的抹茶牛奶液；再次用小火加热至温热，加入泡软的吉利丁片，搅拌均匀后关火。

5 将抹茶牛奶液分3次倒入芝士糊中，拌匀后成抹茶芝士布丁糊。

6 将布丁糊再用网筛过滤一遍，再倒入玻璃杯中，放冰箱冷藏2小时以上，食用前撒上蜜豆即可。

制作时间
15分钟

鸡蛋杯沙拉

做法

1 准备好所需食材，所用
蔬菜提前洗净。

2 鸡蛋在锅中煮熟，捞出，
过冷水，剥壳，对半切开，
取出蛋黄，碾碎。

3 锅中加水烧开，倒入切
碎的西蓝花和甜玉米
粒，加少量玉米油，焯
熟，过冷水，捞出沥干，
与蛋黄碎混合均匀，加
入盐、美乃滋调味。

4 鸡蛋白底部稍微切掉
一层，让它可以立着，
将拌好的沙拉填到鸡
蛋杯中。

食材（2人份）

食材	用量
鸡蛋	2 个
西蓝花	1 大朵
甜玉米粒	20 克
盐	1/8 茶匙
美乃滋	2 汤匙
玉米油	适量

食材	
鸡胸肉	1 片
紫甘蓝	2 片
苦苣	20 克
培根	2 片
盐	1/5 茶匙
苹果醋	1/4 茶匙
帕玛森芝士粉	1 茶匙
橄榄油	1 茶匙
料酒	1 汤匙
黑胡椒碎	适量

做法

1 紫甘蓝、苦苣洗净；紫甘蓝切丝；苦苣撕成块；培根切块备用。

2 鸡胸肉用盐、料酒、黑胡椒碎腌 10 分钟。锅烧热，倒入橄榄油，放入鸡胸肉，煎至两面金黄色盛出，切成条状。

3 培根放入油锅，煎至焦黄色盛出。

4 处理好的食材倒入沙拉碗中，加入盐、黑胡椒碎、苹果醋、帕玛森芝士粉，翻拌均匀即可。

鸡肉培根沙拉

制作时间
15 分钟

芦笋橘子沙拉

食材（2人份）

橘子	2个
芦笋	1把
柠檬汁	适量
美乃滋	1/4 茶匙
盐	适量
玉米油	适量
薄荷叶	适量

做法

1 芦笋洗净，去根，切断；橘子剥皮，横向切片。

2 锅中加水烧开，倒入芦笋，加盐、玉米油，焯熟，过冷水，捞出沥干。

3 处理好的食材倒入盘中，加入柠檬汁、美乃滋调味，翻拌均匀，加入洗净的薄荷叶点缀。

食材（2人份）

生菜	2片
紫甘蓝	1/4 个
黑木耳	10 朵
芝麻油	1/8 茶匙
米醋	1/8 茶匙
生抽	1 汤匙

做法

1 生菜洗净，撕成片；紫甘蓝洗净，切丝；黑木耳泡发后洗净，焯熟，捞出，过冷水，沥干水分，切丝。

2 所有处理好的食材倒入沙拉碗中，加入生抽、芝麻油、米醋调味，翻拌均匀。

生菜紫甘蓝沙拉

制作时间
5分钟

水果燕麦沙拉

食材（2人份）

香蕉	1根
雪梨	1/2个
猕猴桃	1个
柠檬	1/2个
燕麦	1汤匙
松仁	1汤匙
酸奶	2汤匙
蔓越莓干	2汤匙

做法

1 猕猴桃、雪梨、香蕉去皮切块，倒入沙拉碗中。

2 碗中挤入少许柠檬汁，倒入其他食材，翻拌均匀。

食材（2人份）

无花果	2个
苦苣	20克
圣女果	3个
油醋汁	1汤匙

做法

1 苦苣洗净；无花果、圣女果洗净，切块。

2 所有蔬果放入碗中，加入油醋汁调味即可。

无花果沙拉

制作时间
5分钟

制作时间
20分钟

秘制酱料
泰式甜辣酱

泰式杧果虾仁沙拉

做法

1 所有蔬菜洗净，虾仁去除虾线备用。

2 在杧果上用刀划好十字格，用勺子挖出果肉。小米椒洗净，切碎；生菜撕成片。

3 虾仁用少许盐、白胡椒粉、料酒腌制10分钟，平底锅烧热，倒入玉米油，倒入虾仁，炒熟。

4 所有食材倒入沙拉碗中，淋上酱汁，撒上熟白芝麻即可。

酱 将盐、米醋、鱼露、芝麻油、泰式甜辣酱、切碎的小米椒混合成泰式酸辣酱。

腌制时间 **10分钟**

食材	
杧果	1/2 个
虾仁	5 个
生菜	3 片
玉米油	1 茶匙
料酒	1/2 汤匙
白胡椒粉	1/4 茶匙
熟白芝麻	适量
秘制酱料	
小米椒	2 个
鱼露	1/8 茶匙
泰式甜辣酱	1 茶匙
米醋	适量
芝麻油	适量
盐	1/6 茶匙

食材（2人份）

食材	分量
甜玉米粒	50克
胡萝卜丁	50克
青豆	50克
火腿肠	4根
美乃滋	1汤匙

1 备好食材，火腿肠切丁备用。

2 锅中加水烧开，倒入甜玉米粒、胡萝卜丁、青豆，炒熟。

3 捞出过冷水，沥干水分。

4 所有食材倒入沙拉碗中，加入美乃滋调味，拌匀即可。

玉米火腿沙拉

制作时间
15分钟

烤制温度 **200** ℃

烘烤时间 **20 分钟**

牛排杂蔬沙拉

秘制酱料
（油醋汁）

橄榄油 1/2 汤匙

盐 1/8 茶匙

黑胡椒碎 1/8 茶匙

黑醋 1/4 茶匙

食材	
圣女果	2 个
牛排	1 块
红（黄）彩椒	50 克
生菜	20 克
苦苣	20 克
紫甘蓝	30 克
黑胡椒碎	1/8 茶匙
盐	1/8 茶匙
橄榄油	1 茶匙

做法

1 准备好牛排，提前将红彩椒、黄彩椒洗净，去子，切条；生菜洗净，撕小块；苦苣洗净，撕块；紫甘蓝洗净，切丝。

2 牛排用黑胡椒碎、盐、少许的橄榄油，按摩 2 分钟。

3 烤炉刷橄榄油，放上牛排，200℃ 烤 20 分钟，烤至七分熟后取出切块。

酱 盐、黑醋、黑胡椒碎、橄榄油混合均匀即成油醋汁。

4 彩椒、圣女果烤熟，和切成块的牛排以及蔬菜混合均匀，加入 1 茶匙油醋汁、黑胡椒碎调味即可。

好吃贴士

🔥 选购牛排时，建议选择菲力牛排，这是牛的里脊部位，肉质细嫩无筋，拿来做沙拉再适合不过。

🔥 除了牛排，羊排和鸡胸肉也是不错的选择，选购羊排时要注意选择稍带肥肉的，这样烤出的羊排才会更加香嫩可口。